高新技术科普丛书（第4辑）

未来世界好伙伴

——机器人技术与应用

主编　闵华清

U0263779

SPM 南方出版传媒

广东科技出版社 ｜ 全国优秀出版社

·广　州·

图书在版编目（CIP）数据

未来世界好伙伴：机器人技术与应用 / 闵华清主编．—广州：广东科技出版社，2017.10（2018.12 重印）

（高新技术科普丛书．第 4 辑）

ISBN 978-7-5359-6792-3

Ⅰ．①未…　Ⅱ．①闵…　Ⅲ．①机器人技术—普及读物

Ⅳ．① TP24-49

中国版本图书馆 CIP 数据核字（2017）第 208053 号

未来世界好伙伴——机器人技术与应用
Weilai Shijie Haohuoban——Jiqiren Jishu yu Yingyong

责任编辑：罗孝政
装帧设计：柳国雄
责任校对：梁小帆
责任印制：彭海波
出版发行：广东科技出版社
　　　　　（广州市环市东路水荫路 11 号　邮政编码：510075）
http://www.gdstp.com.cn
E-mail: gdkjyxb@gdstp.com.cn（营销）
E-mail: gdkjzbb@gdstp.com.cn（编务室）
经　　销：广东新华发行集团股份有限公司
印　　刷：广州市岭美彩印有限公司
　　　　　（广州市荔湾区花地大道南海南工商贸易区 A 幢　邮政编码：510385）
规　　格：889mm×1 194mm　1/32　印张 5　字数 120 千
版　　次：2017 年 10 月第 1 版
　　　　　2018 年 12 月第 2 次印刷
定　　价：26.80 元

《高新技术科普丛书》（第4辑）编委会

　　本套丛书的创作和出版由广州市科技创新委员会、广州市科技进步基金会资助，由广东省科普作家协会组织编写、审阅。

序一
PREFACE

  精彩绝伦的广州亚运会开幕式，流光溢彩、美轮美奂的广州灯光夜景，令广州一夜成名，也充分展示了广州在高新技术发展中取得的成就。这种高新科技与艺术的完美结合，在受到世界各国传媒和亚运会来宾的热烈赞扬的同时，也使广州人民倍感自豪，并唤起了公众科技创新的意识和对科技创新的关注。

  广州，这座南中国最具活力的现代化城市，诞生了中国第一家免费电子邮局，拥有全国城市中位列第一的网民数量，广州的装备制造、生物医药、电子信息等高新技术产业发展迅猛。将这些高新技术知识普及给公众，以提高公众的科学素养，具有现实和深远的意义，也是我们科学工作者责无旁贷的历史使命。为此，广州市科技和信息化局（广州市科技创新委员会）与广州市科技进步基金会资助推出《高新技术科普丛书》。这又是广州一件有重大意义的科普盛事，这将为人们提供打开科学大门、了解高新技术的"金钥匙"。

  丛书内容包括生物医学、电子信息以及新能源、新材料等三大板块，有《量体裁药不是梦——从基因到个体化用药》《网事真不如烟——互联网的现在与未来》《上天入地觅"新能"——新能源和可再生能源》《探"显"之旅——近代平板显示技术》《七彩霓裳新光源——LED与现代生活》以及关于干细胞、生物导弹、分子诊断、基因药物、软件、物联网、数字家庭、新材料、电动汽车等多方面的图书。

我长期从事医学科研和临床医学工作，深深了解生物医学对于今后医学发展的划时代意义，深知医学是与人文科学联系最密切的一门学科。因此，在宣传高新科技知识的同时，要注意与人文思想相结合。传播科学知识，不能视为单纯的自然科学，必须融汇人文科学的知识。这些科普图书正是秉持这样的理念，把人文科学融汇于全书的字里行间，让读者爱不释手。

丛书采用了吸收新闻元素、流行元素并予以创新的写法，充分体现了海纳百川、兼收并蓄的岭南文化特色。并按照当今"读图时代"的理念，加插了大量故事化、生活化的生动活泼的插图，把复杂的科技原理变成浅显易懂的图解，使整套丛书集科学性、通俗性、趣味性、艺术性于一体，美不胜收。

我一向认为，科技知识深奥广博，又与千家万户息息相关。因此科普工作与科研工作一样重要，唯有用科研的精神和态度来对待科普创作，才有可能出精品。用准确生动、深入浅出的形式，把深奥的科技知识和精邃的科学方法向大众传播，使大众读得懂、喜欢读，并有所感悟，这是我本人多年来一直最想做的事情之一。

我欣喜地看到，广东省科普作家协会的专家们与来自广州地区研发单位的作者们一道，在这方面成功地开创了一条科普创作新路。我衷心祝愿广州市的科普工作和科普创作不断取得更大的成就！

中国工程院院士 钟南山

序二
PREFACE

让高新科学技术星火燎原

　　21 世纪第二个十年伊始，广州就迎来喜事连连。广州亚运会成功举办，这是亚洲体育界的盛事；《高新技术科普丛书》面世，这是广州科普界的喜事。

　　改革开放 30 多年来，广州在经济、科技、文化等各方面都取得了惊人的飞跃发展，城市面貌也变得越来越美。手机、电脑、互联网、液晶大屏幕电视、风光互补路灯等高新技术产品遍布广州，让广大人民群众的生活变得越来越美好，学习和工作越来越方便；同时，也激发了人们，特别是青少年对科学的向往和对高新技术的好奇心。所有这些都使广州形成了关注科技进步的社会氛围。

　　然而，如果仅限于以上对高新技术产品的感性认识，那还是远远不够的。广州要在 21 世纪继续保持和发挥全国领先的作用，最重要的是要培养出在科学领域敢于突破、敢于独创的领军人才，以及在高新技术研究开发领域勇于创新的尖端人才。

　　那么，怎样才能培养出拔尖的优秀人才呢？我想，著名科学家爱因斯坦在他的"自传"里写的一段话就很有启发意义："在 12~16 岁的时候，我熟悉了基础数学，包括微积分原理。这时，我幸运地接触到一些书，它们在逻辑严密性方面并不太严格，但是能够简单明了地突出基本思想。"他还明确地点出了其中的一本书："我还幸运地从一部卓越的通俗读物(伯恩斯坦的《自然科学通俗读本》)中知道了整个自然领域里的主要成果和方法，这部著作几乎完全局限于定性的叙述，这是一部我聚精会神地阅读了的著作。"——实际上，除了爱因斯坦以外，有许多著名科学家(以至社会科学家、文学家等)，也都曾满怀感激地回忆过令他们的人生轨迹指向杰出和伟大的科普图书。

由此可见，广州市科技和信息化局（广州市科技创新委员会）与广州市科技进步基金会，联袂组织奋斗在科研与开发一线的科技人员创作本专业的科普图书，并邀请广东科普作家指导创作，这对广州今后的科技创新和人才培养，是一件具有深远战略意义的大事。

这套丛书的内容涵盖电子信息、新能源、新材料以及生物医学等领域，这些学科及其产业，都是近年来广州重点发展并取得较大成就的高新科技亮点。因此这套丛书不仅将普及科学知识，宣传广州高新技术研究和开发的成就，同时也将激励科技人员去抢占更高的科技制高点，为广州今后的科技、经济、社会全面发展做出更大贡献，并进一步推动广州的科技普及和科普创作事业发展，在全社会营造出有利于科技创新的良好氛围，促进优秀科技人才的茁壮成长，为广州在 21 世纪再创高科技辉煌打下坚实的基础！

中国科学院院士　张景中

南国盛开的科技之花

"不经一番寒彻骨，怎得梅花扑鼻香。"2016年是不平凡的一年，这一年凛冽的冷空气，让广州下起了百年难得一遇的"雪"，为我们呈现了一朵朵迎春盛开的科技之花。

"忽如一夜春风来，千树万树梨花开。"伟大的改革开放以来，广州在政治、经济、文化等方面都取得了迅速的发展，获得了骄人的成绩。城市面貌焕然一新，天上是晴空万里的"广州蓝"，高处是摩天高楼，地上是车水马龙，地下是地铁网络。高新技术的发展和应用，使人们的生活越来越美好，工作越来越便捷，生活也有滋有味，戴的是可穿戴设备，吃的是可追溯来源的安全食品，用的是3D打印科技，看的是新媒体技术，还有网络安全和精准医学为我们的生活保驾护航。

对于高新技术的认识来源，可以是多方面的，但普及高新技术的目的是在于促进多领域跨学科的合作交流，特别是要启发广大青少年投身于高新技术行业。因此，要在21世纪继续保持和发挥科技创新的领导作用，要广泛开展科普活动，发挥地区和人才优势，传播科学知识，介绍科技动态，既要深入，更要浅出，激发青少年学习兴趣。

"万点落花舟一叶，载将春色过江南。"由广州市科技创新委员会、广州市科技进步基金会资助，广东省科普作家协会组织编写、审阅的这套大型科普丛书，由各领域专业人才编写，选题为广大人民群众感兴趣的科技话题，紧扣当今新闻热点，内容丰富，语言生动，案例真实，兼顾了可读性、趣味性和实用性。这套科普丛书的出版，对于贯彻《全民科学素质行动计划纲要实施方案（2016—2020 年）》，强化公民科学素质建设，提升人力资源质量，助力创新型国家建设和全面建成小康社会，具有非常重大的意义。

"活水源流随处满，东风花柳逐时新。"祝愿广大读者能收获科技财富带来的精神喜悦，祝愿南国广州的科技之花永远盛开！

中国工程院院士　钟世镇

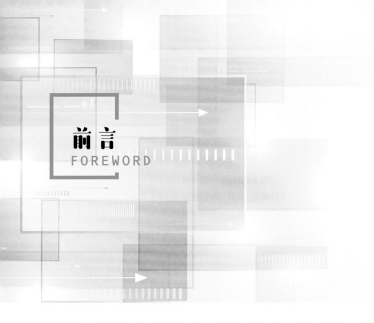

前言
FOREWORD

　　机器人已经闯入了我们的生活，人类将有越来越多的工作交给机器人完成，认识机器人、使用机器人、驾驭机器人、与机器人和谐共处即将成为人类的一项必备技能，就像现在使用电脑、手机一样。

　　机器人涉及机械、电子、材料、传感器、人工智能、软件、心理学、神经学等多个领域，是一个整合了学术研究和技术应用的大舞台，是工业4.0、机器换人和智能制造的基础。目前，许多国家已经把机器人研究与产业化当成了主要战略，并且意识到：机器人教育要从中小学抓起。

　　机器人只有具备了较高的智能，才可以与人类朝夕相处。本书以机器人的技术发展和智能为主线，力图揭开其神秘面纱。通过大量的故事、案例和分析，解读了机器人的定义，阐述了机器人对人类产生的影响，分析了机器人的特长与不足，探讨了机器人将会如何融入人类生活。

　　智能机器人离我们到底有多远？它们到底能为我们做什么、不能为我们做什么？我们需要机器人陪伴吗？我们可以创办机器人公司吗？为了促进机器人的发展，我们到底能做什么？通过阅读本书，每位读者都会有新的体会。

目录
CONTENTS

一　机器人从远古走来……001

  1　从梦想到现实……002

    从无到有——机器人的家族逐渐庞大……003

    需求无止境——机器人的地位逐渐提升……007

  2　初步认识机器人……011

    外形多样化——到底什么是机器人……011

    有身体也有思想——机器人的组成……014

    三大定律——机器人的行为准则……019

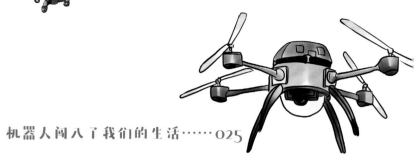

二　机器人闯入了我们的生活……025

　　1　都市生活的必需品……027
　　　　少年儿童的小伙伴……028
　　　　白领阶层的小管家……031
　　　　老年朋友的倾诉对象……034

　　2　健康身体的守护神……036
　　　　融入身体定点给药——纳米机器人……038
　　　　把手术精确到毫米——手术机器人……041

　　3　工作效率的加速器……044
　　　　摆脱地理环境的束缚——无人机前景巨大……044
　　　　蕴含新的工作机会——"工业 4.0"与"机器换人"……048

三　机器人很需要智能……057

　　1　大自然是机器人智能的源泉……059
　　　　能屈能伸——这种硬件才能适应环境……060
　　　　透过现象看本质——软件的目标……064

　　2　学习方式多样化……069
　　　　站在巨人的肩膀上——复制同类的智慧……072
　　　　有了网络——机器人学习更方便……075

　　3　人类是机器人的超越目标……079

AlphaGo 战胜李世石——靠的是什么……081

机器人足球队大战世界杯冠军队——畅想 2050 年的巅峰
　　对决……091

四　机器人的"能"与"不能"……097

1　机器人的特长……099

　　大块头——心有多大，机器人就有多大……099

　　任劳任怨——不知疲倦的劳动者……102

2　机器人的短板……105

　　仿真软件必不可少——容易受伤的机器人……107

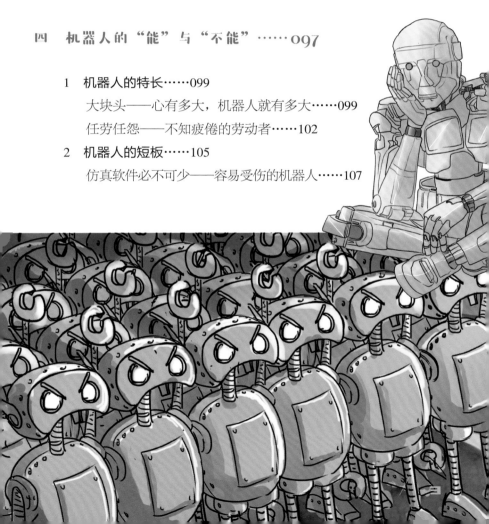

一个好汉三个帮——机器人不能孤立地发展……112

盛名之下其实难副——大块头缺少大智慧……114

3 机器人和人谁是主宰……116

机器人主动杀人？不，它们是无辜的……117

机器人能控制人类吗？……119

五 机器人的下一站更精彩……123

1 送礼就送机器人……125

面面俱到——手机和电脑退居二线……125

量体裁衣——总有一款适合你……128

2 尖端科技强强联合……131

3D 打印——轻松制作机器人……133

虚拟现实——足不出户就能执行各种任务……135

3 哪里有需要，哪里就有机器人……138

变幻莫测的演员——对抗野生动物的机器人……140

能飞能说的联络员——防洪救灾的机器人……142

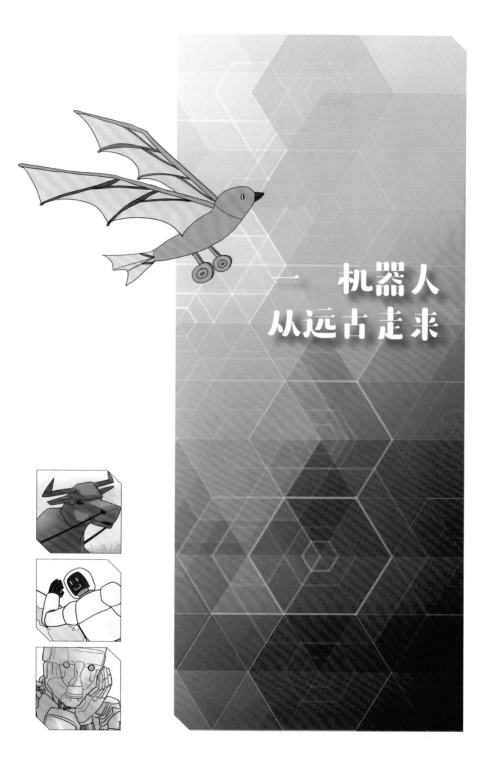

一　机器人
从远古走来

2016年3月，Google公司的AlphaGo以4：1战胜了围棋世界冠军李世石，赢得了100万美元的大奖。他们经历了5局苦战，每局约4小时，每天战1局，李世石在连输3局后才扳回1局。双方在赛前就约定：即使一方率先取得3胜，也要下满5局。Google公司前董事长埃里克·施密特说，"无论最终结果是什么，赢家都是人类"。这场人机大战引发了人们关于机器人的思考：机器人离我们到底有多远？它们能够在其他方面也战胜人类吗？它们会统治整个世界吗？AlphaGo凭什么取胜？人类到底还有没有办法战胜AlphaGo？

① 从梦想到现实

在人类进化的漫长过程中，梦想是最主要的驱动力。可以说，人类正是因为有了梦想，才有了今天的美好生活。在人类所有的梦想中，最典型的有3种：一是"长生不老"，二是"飞"，三是拥有"无所不能，但又完全受自己控制的替代品"。

人类可以运用工具来增强自己的观测能力和活动能力，从而弥补其先天不足。这些工具不仅帮助人类生存、繁衍，还帮助人类变得更加强大。例如，用望远镜可以观察很远的地方，用梯子、棍子可以采摘树上的果子。这些年，人类使用工具的能力已经到达动物无法企及的地步，例如，雄鹰飞得再高，也高不过宇宙飞船，兔子跑得再快，也远远不如一架飞机。

人类使用工具的最高境界就是：找一个超级替身来替代自己，并且在某些方面超越自己。这个替身要比孙悟空还有本事，比沙僧还老实，比猪八戒还滑稽。虽然没有给这种替身取个确定的名字，但这个梦想一直激励着世界各国的劳动人民，并且在历史的演变中逐渐变得清晰。

从无到有——机器人的家族逐渐庞大

　　木匠鲁班发明的木鸟、诸葛亮发明的木牛流马、宋代的报时机器人，可以说是我国最早的机器人雏形。1959 年，第一台工业机器人正式诞生，其主要发明者约瑟夫·恩格尔伯格被誉为"机器人之父"。

诸葛亮的木牛流马

宋代的报时机器人

每 15 分钟就自动报时

　　机器人的诞生经历了太久太久。其实，任何新生事物的诞生都具有类似的特点：需要智慧，需要合作，更需要毅力，真正激动人心的时刻非常少，大多数时间是在枯燥、坚持中度过。

可以说，20 世纪诞生的最有意义的工具就是机器人，21 世纪人类最想发展的工具也是机器人。

人类希望机器人不仅可以从事繁重的体力活、脑力活，还能够高效地完成危险、单调、复杂的任务。不同的用途，对机器人外形的要求也不同。根据用途将机器人分为工业机器人、水下机器人、军用机器人、空间机器人、医疗机器人、服务机器人等。

不同类型的机器人侧重点不同，但在技术方面却有值得相互借鉴的地方。例如，服务机器人、军用机器人都需要检测当前环境里是否有人、是哪种类型的人。机器人的类型划分也存在一些交叉，例如，在体内修复细胞的医疗机器人也可算作一种特殊的服务机器人。为了和其他类型区分，服务机器人通常指从事清洗、监护等工作的机器人，它们与人类的日常生活密切相关，主要在家庭、医院、办公室等环境下工作。

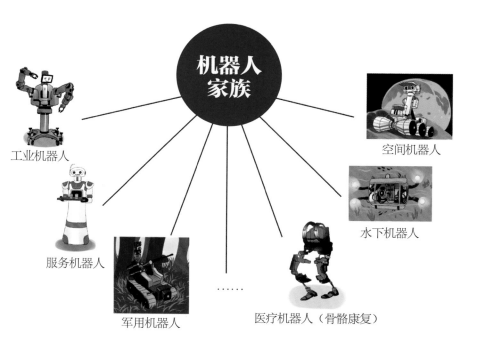

机器人的诞生历程

由于记载方式的限制，历史上的发明创造很难被完整保存，有的可能已经完全失传了。

（1）木鸟。春秋末期，木匠鲁班制作了一只木鸟，能在空中飞行三日。

（2）木牛流马。三国时期，智慧超群的诸葛亮设计了木牛流马，从而解决了在山路上运送军粮的问题，并且在与司马懿的几次交战中立下了汗马功劳。

（3）指南车。我国东汉时期的著名天文学家张衡发明了指南车。指南车常常被皇帝在隆重场合使用，其内部结构被认为是当朝的重要机密，不同朝代的设计往往不同。

（4）报时机器人。我国宋代出现了会报时的机器人，它每隔 15 分钟就能够自动报时 8 下，其原理至今仍是个谜。

（5）机器鸭。1738 年，名叫杰克·戴·瓦克逊的法国人发明了会嘎嘎叫、游泳、喝水和排泄的机器鸭，其目的是从机械的角度来模拟生物的功能，从而进行医学分析。

（6）第一台工业机器人。美国机器人专家约瑟夫·恩格尔伯格和知名的工程师兼投资者乔治·德沃尔联手于 1959 年制造出第一台工业机器人。

这些机器人雏形看似简单，但是在特定的时代却极具超前智慧。

需求无止境——机器人的地位逐渐提升

"顾客是上帝",这是餐馆、商场等服务机构最常使用的一句话。

对机器人来说,每个人都是顾客、都是上帝、都是机器人需要不断提升自己的理由。发展机器人的目的不仅是提升当前生活质量,还要遵循低碳、绿色、环保等原则,促进社会的可持续发展。所以,机器人的发展是社会发展的缩影,透过机器人可以看到人类当前的生活状况及未来的发展方向。

经过几十年的发展,机器人已经成为 21 世纪最具有潜力的高新技术之一,其研究、制造吸引了大规模的投资。其中,2015 年的投资并购交易大约有 20 亿美元。2016 年,在全球人工智能与机器人峰会机器人专场上,麻省理工学院机器人实验室主任、美国国家工程院院士丹妮拉·鲁斯讲述了世界机器人领域十二大前沿技术趋势,并且用一系列例子告诉人们:机器人正在从科幻变为现实。国际机器人联合会预测,"机器人革命"将创造数万亿美元的市场。国际上有舆论认为,机器人是"制造业皇冠顶端的明珠",其研发、制造、应用是衡量一个国家科技创新和高端制造业水平的重要标志。近年来,物联网、云计算、大数据、移动互联网等新一代信息模式同机器人技术相互融合的步伐加快,3D 打印、人工智能也在迅猛发展,因此,制造机器人的软硬件技术日趋成熟、成本不断降低、性能不断提升。

凝聚才能产生力量。机器人的发展既需要政府支持,还需要学术界和工业界共同参与。政府要提供政策、资金方面的支持并且做好顶层设计,学术界要有高瞻远瞩的视野和异想天开的激情,工业界要有很强的行动力把这些想法变成产品。很显然,一旦某种科学研究走上了产业化发展的道路,那么它就走上了快速发展的轨道。利益的竞争将会使得机器人的质量逐渐提升、价格逐渐下降,这无疑是广大用户的福音。

对于一个国家来说,如果抓住了技术革命和产业革命的机遇,那么

就很容易成为发达国家或世界强国，如果错过了这些机遇其国际地位就可能下降。所以，机器人技术已经受到各国政府的重视，在世界各国的重大科技专项中占据重要位置。例如，美国将机器人技术列为服务于国家利益的关键技术，不仅在技术装备上对其他国家禁运，而且相关的技术交流和访问都受到严格限制。日本将智能机器人列为新产业创造战略的七大领域之一，韩国也将其列为 21 世纪十大成长动力产业之一。

在汹涌澎湃的探索浪潮里，我国的机器人发展面临怎样的机遇呢？

机器人技术革命在发达国家才刚刚开始，我国与这些国家的差距并不大，这无疑给我们带来了千载难逢的机遇。我国如果能够抓住这个机遇，重视顶层规划和具体实施，那么，在机器人技术及产业化方面有望赶超这些国家。

因此，从机会的角度来说，我国和其他国家又站在了相互竞争的同一起跑线上。在这场竞争中，每个国家都会拿出"十八般武艺"。

延伸阅读

机器人分类

总的来说，机器人分为工业机器人和服务机器人。但是，根据与人类的接触程度，服务机器人又分为两类：一是为人类日常生活服务的服务机器人，二是特种机器人。由于机器人工作环境、工作性质等方面的不同，特种机器人又可以分为水下机器人、军用机器人、医疗机器人等多种类型。

（1）工业机器人。顾名思义，工业机器人面向工业领域，其典型应用包括焊接、包装和放置等场合。工业机器人的特点是：①效率高，可以专注某一个功能，例如，分拣物品；②时间久，可以不知疲倦地工作；③速度快，只要有能量就有力量；④准确，程序编写正确就可以准确地执行任务，不容易受到周围环境的影响。工业机器人在机器人家族里最为成熟，已经形成了工业界广泛应用的一些标准。工业机器人"四大家族"是：瑞典的 ABB 公司，日本的安川（Yaskawa）电机公司和发那科（FANUC）公司，德国的库卡（KUKA）公司。

目前，机器人技术最成功的应用领域是制造业，特别是汽车制造业，约 90% 的工业机器人被应用于汽车制造领域。

（2）水下机器人。水下机器人是一种在水下工作的极限作业机器人。2009 年，我国的"大洋一号"科学考察船从广州起航，首次使用水下机器人"海龙 2 号"在东太平洋附近开展摄像观察、环境参数测量等工作，并且用机械手成功地抓取重达 7 千克的硫化物样品，这标志着我国已经成为国际上少数几个能够使用水下机器人开展海洋研究的国家之一。

（3）军用机器人。军用机器人是为军事用途而设计的，包括反坦克机器人、排雷机器人、地面侦察机器人等，其工作方式以自主工作和人员遥控为主。例如，外观像小坦克的机器人使用履带式底盘、可旋转遥控的枪塔和用于感知环境的摄像头，四腿机器人"大狗"可以在山地运送物质。

（4）空间机器人。空间机器人在微重力、高真空、超低温、强辐射和人工干预较少的环境中工作，需要具备体积小、重量轻、抗干扰能力强、智能化程度高和自主导航等特点。2013 年，"嫦娥三号"所携带的"玉兔号"月球车成功到达月球表面。

（5）医疗机器人。医疗机器人主要应用于医学领域的诊断、治疗和护理等方面，其典型应用包括微创手术、术后护理、喂食、陪护和体内治疗等场景。

（6）服务机器人。服务机器人是为人类服务的，需要有较好的人机交互功能及智能化水平，例如，通过声音、手势及表情来实现人与机器人交流。

2 初步认识机器人

外形多样化——到底什么是机器人

我们常常使用"机器人"这个词语来形容某个人，例如，异常刻苦的学生、深不可测的武林高手、呆头呆脑的人，其褒义、贬义随场景而变化。在现实生活中，我们也会看到轮式、履带式和双足机器人，有的是人形，有的只有机械臂。

那么，到底什么是机器人呢？

在回答这个问题之前，我们先探讨另一个问题：什么是人？

很多人可能从来没有想过这个问题或者觉得这根本就不是问题，但是却不知道该如何回答。有头有四肢的才叫人？能够自由活动的才叫人？谁能够给出一个标准的定义？太难了，而且似乎只有在法律、医学等领域才有必要对其进行定义。

科学家会努力给每一个科技语赋予明确的定义。第一台工业机器人问世大约 60 年了，但对机器人的定义仍然仁者见仁、智者见智，没有统一的意见。部分原因是机器人还在发展，新的机型、新的功能、新的需求都在不断涌现，不同领域对机器人的要求差异较大。而且机器人涉及人的概念，所以就成了一个很难回答的哲学问题。几种典型的定义如下：

（1）美国国家标准局（NBS）的定义：机器人是一种能够进行编程并在自动控制下执行某些操作和移动作业任务的机械装置。

（2）国际标准化组织（ISO）的定义：机器人是一种自动的、位置可控的、具有编程能力的多功能机械手，这种机械手具有几个轴，能够借助于程序来处理各种材料、零件、工具和专用装置，以执行种种任务。

（3）我国科学家对机器人的定义：机器人是一种具有高度灵活性的自动化机器，这种机器具备一些与人或生物相似的智能能力，如感知能力、规划能力、动作能力和协同能力。

虽然定义各不相同，但机器人通常具有如下共同特征：①模拟人或动物的部分肢体动作；②当环境或任务发生变化时，可再编写程序。

我们都是机器人

小 知 识

机器人的关节

机器人的关节就是机器人的自由度（Degree of Freedom）。1 对方向算 1 个自由度。如人的脖子可以上下、左右移动，因此脖子有 2 个自由度；人的膝关节只可以前后弯曲，不可以左右移动，所以只有 1 个自由度。

自由度越多，意味着机器人的动作越灵活、通用性越强。但是，过多的自由度会导致机器人结构复杂，控制困难。自由度由舵机来驱动，舵机相当于肌肉。

这里是 1 个自由度

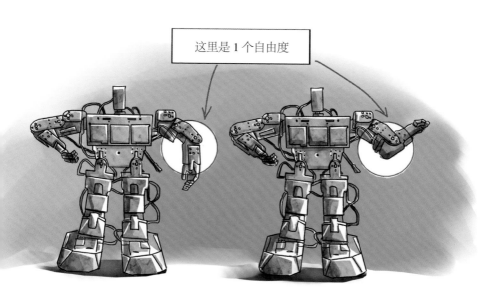

有身体也有思想——机器人的组成

机器人由硬件和软件组成，硬件是其身体，软件是其思想。

人依靠眼睛、耳朵、鼻子、舌头、躯体等部位来实现视觉、听觉、嗅觉、味觉、触觉等感知功能，这是人与外界交互的基础。机器人的感觉器官由机械设备组成，这些设备形成了视觉传感器、听觉传感器、嗅觉传感器、味觉传感器、触觉传感器等。例如，摄像头就是机器人的视觉传感器。不同任务对传感器的精度要求也不同，例如，工厂流水线上的机器人在抓取物体时需要非常精准，而毒气检测机器人则需要配备灵敏的嗅觉传感器。硬件确定后，工程师就通过程序来控制机器人。与人、动物不同的是，机器人的硬件是可以根据需要而增加、拆除或更换的，甚至可以放在不同的地方，只要彼此能够通信、协作就可以了。

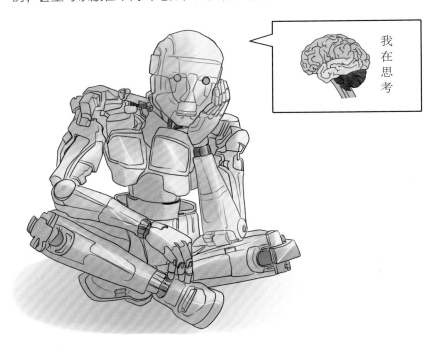

"千里眼、顺风耳"可以说是视觉传感器、听觉传感器的最高境界了。如何才能够让机器人在千里之外看图像、万里之外听声音呢？那就要借助于网络了。例如，在某个重要路口安装若干摄像头，就可以把视觉信息传送到机器人指挥中心，它们既可以在原地处理这些信息，也可以将其传送到总部的控制台。其实，我们的先辈们早就开始憧憬"千里眼、顺风耳"了。在西游记里，玉皇大帝曾经派"千里眼、顺风耳"寻找孙悟空，他们一个是无所不看、一个是无所不听，即使有七十二变的孙悟空也无处藏身，很快就被他俩给找到了。

延 伸 阅 读

机器人与开源软件、开源硬件

机器人是软件、硬件的综合体。随着机器人越来越普及，我们就自然会有这样的期望：别人的机器人程序在自己的机器人身上也可以运行，自己的机器人制作方式也可以被世界各地的人复制。这就涉及开源软件、开源硬件等概念。

什么是开源软件呢？任何人在任何地方都可以利用网络下载该软件的源程序，查看程序的每一行代码和每一个注释。然后，理解该程序，根据自己的需要改进它们，并且重新发布。开源的好处是可以及时共享知识。开源软件是否可以用于商业用途，需要遵守相关组织的规定。

操作系统 Windows 是不开源的，而 Linux 是开源的，手机操作系统 Android 是开源软件。

除了开源软件，还有开源硬件，如单片机 Arduino。开源硬件所开源的内容包含了电路图、材料清单等内容。值得一提的是，几个处于不同国家的软件工程师可以很容易地合作开发出一款软件，而硬件工程师们则必须坐在一起才能合作做点事情。开源软件的复制成本也许是零，因为拿过来就可以用，而开源硬件的复制成本较高。修改开源软件的成本主要是人力成本，修改开源硬件的成本则非常高。像Arduino之类的通用板之所以会火爆比较长时间，主要原因就在于修改它太难了。

弄到开源软件或硬件后，可以随心所欲吗？这取决于软件或硬件的原始作者。大概分为3种情况：其一，如果原始作者说仅用于研究、教学，而不可以用作商业用途，那么，如果被用作商业用途，则原始作者有起诉的权利。其二，如果原始作者说可以用作商业用途，但必须声明该新的软件来自于某开源软件，那么，使用者必须声明"原始作者对此保有原始的权利"之类的话，否则可能被起诉。其三，如果原始作者没有提任何要求，则任何人可以自由使用。

那么，我们是通过什么来告诉机器人每一步该做什么、该怎么做的呢？程序！在程序里设置相应的规则，使其按规则执行。

机器人的硬件和软件常常是配套出售的。硬件指机器人本身，软件主要指机器人操作系统、仿真软件及其他用户软件。操作系统对于机器人有多么重要呢？试想想，我们买了电脑之后，如果不装Windows或其他操作系统，能够安装QQ等软件吗？当然不可以。安装了Windows之后，同一款QQ软件就可以在不同配置的电脑里安装，而且可以进行相关程序设计。机器人操作系统的作用与此类似。

工具　　　　　　　　零部件　　　　　　组装成的机器人

机器人既可能高大威猛，也可能会张牙舞爪、四处游走，其潜在的危害性不同于传统的电子产品。如果机器人出了故障，我们普通用户该怎么办呢？首先，要搞清楚的问题是：机器人是由什么控制的？程序。好的，如果程序停止了，机器人也就安静了。程序在什么情况下才会运行呢？机器人开始工作并且指定运行该程序。所以，如果用户不能够有针对性地停止已经发生了故障的程序，那么就尽快做一件事情：断电。然后联系专业人员或厂家，对于故意使用机器人伤人的事件还应该拨打110。当然，机器人的故障并不限于已经发生的，潜在的危险也需要马上处理。例如，本来是让机器人去拿苹果的，结果拿了把菜刀回来，机器人还得意地挥舞菜刀，误认为已经拿到了苹果并且还打算扔给主人呢。

机器人坏了怎么办呢？修，修不好就换。在这个问题上，机器人和电脑是相似的。

除了保护机器人的硬件，还要保护机器人的软件。那么，我们该如何从软件的角度来保证机器人的安全呢？第一，不要随意安装软件。尽量使用机器人自带的软件或者正规厂家提供的软件。其他软件使用得越多，安全隐患就越大。第二，养成良好的使用习惯。不要随意给机器人断电，在关闭机器人之前先逐个关闭程序。第三，不要随意浏览网站，不要使用来历不明、安全性未知的移动存储设备连接机器人，防止感染病毒。

到底什么人可以研究机器人呢？人人都可以研究机器人。有的研究视觉处理，有的研究皮肤，有的研究材料，有的研究学习算法。所以，机器人是个海纳百川的大舞台，只要你愿意，总有一个问题适合你去解决。

除了提升为人类服务的能力，机器人研究的成果还可以做什么呢？可能很多人都会说诸如"增加企业利润"之类的话。不错，确实可以增加企业的利润。但是，更有意义的是：了解人类自身。为什么这么说呢？人是很神奇的生物，科学家至今都很难回答人从哪里来、人为什么有情绪、为什么双胞胎兄弟的性格不同等问题。把一个冷冰冰的机器变成一个有情感、有智慧的机器人，需要解决大量的问题，在解决这些问题的过程中，自然就会逐渐揭开人类自身的奥秘。

小　知　识

第一台双足步行机器人

1969 年，日本早稻田大学加藤一郎的实验室花了近十年时间，研发出世界上第一台用双腿走路的机器人。加藤一郎也因此被誉为"仿人机器人之父"。双足步行机器人的出现催生出本田公司的 ASIMO 和索尼公司的 QRIO 等机器人。

三大定律——机器人的行为准则

作为由人来使用的机械设备，机器人对使用人员也存在潜在威胁。

针对机器人可能产生的危害，美国著名科幻小说家艾萨克·阿西莫夫于 20 世纪 40 年代提出了著名的"机器人三定律"，这也可以说是机器人最正式的日常行为规范。这三个定律是：

（1）机器人不得伤害人，或任人受到伤害而无所作为。

（2）机器人应服从人的一切命令，但命令与第一定律相抵触时例外。

（3）机器人必须保护自己的存在，但不得与第一、第二定律相抵触。

尽管是科幻，却可以为现实生活提供一种动力，为研究提供一种可能的目标，使人类的梦想更加清晰。

机器人三定律看似完美，但是，随着科技的发展，它会导致一些新的问题：

第一，人类根据自己的需求来制造机器人，当不同国家或群体发生利益冲突时，机器人还遵守这些定律吗？例如，谁保证军用机器人不伤害无辜群众，或者在已经控制战争局面时对敌人"手下留情"？是道德，还是法律？在战场上，机器人的开关和工作模式都是由人控制的，至少人有权力去控制。所以，要想约束机器人，首先要给人类制定相应的规范。

第二，如何应对人类的复杂性。机器人三定律意味着机器人需要保护人类的可持续发展，因此，它们有时候也要扮演警察的角色。人类的冲突是难免的，当敌对双方的机器人作战时，三定律就需要从人类可持续发展的角度来进化。在电影《I, Robot》里，机器人系统认为人类正在摧残地球，威胁到其自身的安全，所以必须拯救人类，保证人类的可持续发展。

第三，机器人三定律就能够限制机器人死心塌地为人类服务吗？机器人一旦有了疲惫、忙碌、辛苦等知觉或情感，还愿意被人类支配吗？

我们机器人需要自由

电影《阿童木》里就有这样的"机器人三剑客"，它们组成了一支小队伍，其共同目标是把机器人从人的奴役下解放出来。虽然机器人的知觉、情感等研究还处于最初始的阶段，但有一点是可以肯定的：一旦机器人有了类似于人类的情感，它们就必然会根据自己的情感去做一些事情，而且这些事情是人类不可预知的。

既要让机器人有一定的情感，又要让它们接受被支配的现实，这将是许多年后的一个新挑战。

机器人虽然给人类带来了极大的方便，而且将会在越来越多的方面为人类提供帮助，但是其负面影响也是比较明显的。

首先，过分依赖机器人会降低人的创造能力。以打扫卫生的机器人为例，如果一直都由机器人来负责家里的卫生，那么，人类整理家务的能力就会变弱。没有亲自动手，对家庭、对劳动的亲切感也会降低。特别地，当不方便使用机器人或者突然没有机器人可以使用时，人类可能就感觉束手无策。

其次，少了人情味。以博物馆的导游机器人为例，如果仅仅依靠机器人来讲解、互动，虽然游客会感觉很新奇，但也感觉像是看了一场由机器人播放的电影，给游客留下深刻印象的可能只有那些憨厚可爱的机器人，而不是工作人员的耐心解说或者博物馆里的稀有之物。

那么，我们应该怎么合理地使用机器人呢？首先，只把它当成一个辅助的工具。其次，加强与亲人、朋友、同学之间的面对面交流，并且争取把机器人也引入交流的过程，使其起到融洽气氛的作用。总之，机器人给我们带来的不仅是工作效率的提升，而且还要有工作、生活氛围的改善。

　　机器人是把双刃剑。如何让其有利于人类的一面愈加锋利，而带来消极影响的一面逐渐减弱，这是需要我们共同思考的问题。

小　知　识

机器人名字的由来

　　1920 年，捷克作家卡雷尔·恰佩克写了一本叫《罗萨姆的万能机器人》的科幻剧作，预告了机器人将来对人类的灾难性影响，引起了广泛关注。卡雷尔·恰佩克在剧本里把捷克语 Robota 写成了 Robot。Robota 在捷克语中是奴隶、仆人的意思。后来，大多数国家将 Robota 音译为"罗伯特"（Robot），只有在中国被译为"机器人"。

二　机器人闯入了我们的生活

张教授是机器人领域的知名专家，他的老同学李处长在政府部门上班。在上周的同学聚会上，李处长问道："这几年我市的基础设施发展很快，也非常重要，一些关系国计民生的重大工程、良心工程是否可以派机器人来协助监管呢？"这个想法立即得到了大家的支持：是啊，我国是一个"人情味"很重的国家，"人情味"可以加深感情，却也可能在某些场合妨碍正事。大家不约而同地把目光转向了张教授。在思考了一小会儿之后，张教授说："引入机器人来协助验收项目是可行的，例如，在立项时就明确一

张教授的助理

机器人　张教授

李处长

些可以量化的检验标准，在项目的中期考核、最终验收时均使用第三方提供的机器人来执行。"李处长说道："好啊，那就让机器人在普通市民、学生、媒体等的监督下现场检测、现场直播。"

各行各业都需要机器人，人人都需要机器人。不管你是什么人，总有一款机器人能够为你提供帮助！机器人的目标是：走进企业工厂，将工人从繁重、重复的体力劳动中解放出来；无处不在，行走在人体血管里、为人体扫清垃圾，奔驰在高速公路上、保障交通安全；走进普通百姓家庭，帮助照顾老人和小孩；铺天盖地，为人类保护生态环境。

几十年前，机器人的主要目标是代替人类完成那些重复性的、人类不愿意做或者很难做的工作。然而，伴随着生物技术、纳米技术的发展，尤其是物联网、云计算、大数据等理论的飞跃，机器人可以扩展出前所未有的能力，可以帮助人类做一些自身做不了、甚至不曾想过的工作。

都市生活的必需品

我们不仅要进步、要健康、要长寿，还要生活得有档次。让大家都活得开心、活得有品位，这可不是说说就能够实现的。

家庭使用机器人的目的是完成部分家务，融洽家庭氛围。所以，机器人长得像不像人其实并不重要，重要的是能够从小说、屏幕走进生活，真正服务于人，帮我们偷懒、让我们放心。机器人也不需要有固定的功能，需要卖萌就卖萌、需要摆酷就摆酷、需要做题就做题。

从智能家居到智慧城市，再到智能制造，缺少的是什么？缺少的是一条可以将其串接起来的主线，这条主线就是人性化的智能设备，就是机器人。有了机器人，这些终端就有了统一的管理者，智能家居也更加生活化、人性化。在机器人的带领下，各类家居和人互动就有了可能。例如，如果小孩子在作业完成之前就要求看电视，那么，机器人就可以

让所有的频道都变成同一类枯燥的节目。

少年儿童的小伙伴

　　当前社会，生活节奏快，父母没有太多的时间照顾孩子，所以就希望有机器人陪伴他们，并且监督他们的学习进度。机器人的表情丰富，可以存储很多知识，因此更能够吸引孩子的注意力。通过与机器人交流，父母也可以知道孩子的学习状况和地理位置。

　　提到机器人教育，人们常常会想起一幅画面：一位老师带着七八个孩子在宽敞的房间里摆弄各种各样的机器人，孩子们也在用电脑编写程序、操控机器人，他们时常开心地尖叫。

纵观市场上的各类教育机器人，它们大多数的外形有些相似，而且不算新颖。这些机器人所携带的教学资源与市场上的常规教学资源相差很小，甚至还不如它们。为什么呢？这是因为在设计教育机器人时把教育和机器人分割开来，没有充分发挥机器人独特的优势。

近年来，全球的教育机器人市场呈现出两大流派：一是以乐高为代表的"硬件"派，其重点是机器人本身的硬件和组装；二是以硅谷企业WonderWorkshop为代表的"软硬结合"派，其重点是将硬件和丰富有趣的学习软件相结合，训练用户的编程思维、培养其学习机器人的兴趣。

小学生可以使用机器人编写程序吗？

当然可以。孩子把机器人组装好，并且将其与电脑连接。接下来，孩子拖动机器人软件里的图标，再点击"运行"按钮，那么相应的功能就会自动在机器人身上体现出来。孩子也可以编写简单的程序，从而体会到学习机器人、使用机器人的乐趣，甚至有掌控机器人的成就感。

公司从提升销量、增加利润等角度来推动机器人的需求，那么，教育界应该如何为国家培养机器人后备力量呢？

答案很明显：机器人教育要从中小学抓起。

早在20世纪60年代，美国、日本、英国等发达国家就已经在大学、中小学开始机器人研究或教学，并且在此过程中推出了各自的教育机器人基础开发平台。

我国的机器人研究在20世纪70年代就已经开展起来，在"七五"计划、"863"计划中均有相关的内容。但是，针对中小学的机器人教学起步较晚，到90年代后期才得到初步的发展，目前仍处于完善的阶段。

重视教育是我国的优良传统，教育支出在整个家庭开支中占有较大的比重，所以，有价值的教育产品必然会受到广大家长的欢迎。为了让孩子赢在起跑线上，家长和学校都使出了"洪荒之力"来激发他们的创造力和想象力。

延 伸 阅 读

我国的中小学机器人教育

2003 年 4 月，教育部正式颁布《普通高中技术课程标准（实验）》，该标准在《通用技术》科目中设立了"简易机器人制作"模块。2004 年 12 月，中国教育学会中小学信息技术教育专业委员会在昆明召开了"第一届全国中小学机器人教学研讨会"，成立了"机器人学组"，制订了"中小学智能机器人课程指导意见（讨论稿）"。2005 年，中国代表队第一次出征"2005 年 FLL 世界锦标赛"，并以优异的成绩夺得了"绝对挑战奖"。

2003 年 11 月，首届广东省中小学电脑机器人竞赛在广州市举办。此次竞赛设立了机器人足球、机器人灭火、机器人舞蹈等 3 个项目，有 11 个地级市报名参赛。2012 年，首届广东省创意机器人大赛在广东科学中心举行，此后每年举办一次，比赛分小学组、初中组和高中组。

白领阶层的小管家

效率是都市白领追求的主要目标之一。未富先老，成了许多白领担

心或正在经历的处境。父母已老，孩子还小，是许多白领吐露的心声。繁忙的工作之后，他们当然希望机器人保姆已经做好了饭、打开了空调，而且，机器人保姆可以随时监控家庭的情况、提前发现小偷，并且在必要时实时传送家里的图像信息。

目前，家用扫地机器人比较流行。扫地机器人的价格从几百元到上千元不等，低廉的价格也意味着在性能上可能存在不足，例如，较为便宜的扫地机器人采用的算法往往比较初级，而且同一块地方可能清扫多遍。扫地机器人的硬件也很重要，例如，吸口不应该有"容易被毛发缠绕"的困扰。扫地机器人的本职工作是把房间打扫干净，像空气净化、抹地等功能虽然可以增加机器人的"卖点"，但是却提高了机器人的故障率。物美价廉的机器人，仍然是一个需要努力的目标。

教育机器人公司面临的挑战

教育机器人公司的直接目标是开拓市场、推广其产品，因此至少需要关注 3 个问题：

（1）重视用户群体的需求，而不仅仅是攻克技术难关。机器人技术面临的难题涉及心理学、机械、电子、人工智能等多个学科，短时间内靠一家公司来解决这些问题几乎是不可能的。教育机器人的用户群体主要是孩子。孩子的天性是好奇而又容易"喜新厌旧"，叛逆而又希望得到认可，享受探索而又不喜欢说教。

所以，教育机器人公司应该不忘初心、不换频道、不遗余力地将用户体验与反馈放在第一位。

（2）重视学校与家长。学生是机器人的直接使用者，但是，家长或学校才是真正买单的人，而老师又会影响学校和家长的决策。试想想，如果老师在课堂上为了演示机器人的使用而累得满头大汗，这个机器人还会被老师推荐吗？因此，为老师设计合理而详细的课程，对老师进行适当的培训是必不可少的。

（3）价格合理。教育机器人的目标是进入普通家庭，所以其价格必须要被普通工薪家庭所接受。WonderWorkshop 公司在这方面有宝贵的经验，即提供两种类型的购买方式。用户购买的机器人虽然不一样，但却享用相同的软件平台，孩子们都可以免费下载编程所需的应用程序，进而完成想要的功能，实现自己的创意。

老年朋友的倾诉对象

当一个国家的 60 岁（或 65 岁）以上人口占总人口的 10%（或 7%），就表示该国进入了老龄化时代。导致人口老龄化的最直接原因是人口死亡率和生育率下降。老年人也要活得好、活得有质量，但是他们却面临衰老和疾病这两个巨大的问题。人口老龄化带来的挑战主要集中在医疗、康复、护理和陪伴等方面。

挑战与机遇往往是并存的，人口老龄化带来的并非全是负面问题。20 世纪 60 年代末期，日本经济开始高速发展，但是却出现了劳动力不足的现象。在这种情况下，日本从美国引进了机器人技术，迅速研制成功并且开始大规模使用。经过十多年的努力，日本成为"机器人王国"。

我国是老龄化速度较快的国家之一。社会竞争加剧，中青年人压力大导致他们不能"常回家看看"，老年人更加需要来自非亲属的帮助。"父母在，不远游""百善孝为先"，尊老、爱老是我们的优良传统。但是，男儿志在四方，特别是在竞争激烈的社会，子女在外谋生常常是无奈之举。因此，用于陪伴老年人的机器人就很重要了。

老年人腿脚不灵活，需要有机器人来陪伴他们走路。尽管机器人也不能完全阻止老人摔倒，但可以在问题发生时立即将相关信息发送给其亲属。

如果每个老年人都快快乐乐、健健康康，那么，不但不需要大量消耗社会资源，他们还能继续发挥其余热。特别是那些有几十年丰富经验的医生、工程师、管理者等专业技术人才，他们的三言两语就可以让求知若渴的年轻人少走很多弯路，也可以为一些重大研究或工程提供极有价值的咨询，从而推动社会的和谐发展。

不可否认，医疗机构是解决老龄化问题的主力军。但是，全社会的共同参与、高科技产品的引入才是解决问题的根本方法。

目前，一些企业或研究机构也纷纷推出自己陪伴老年人的机器人产品。例如，华硕 Zenbo 机器人内置了家庭救援系统，可以实现开灯、提醒吃药的功能。如果老人不小心摔倒了，Zenbo 会拍下照片并且发送给相应的家庭成员，为老年人的生活提供了较大的便利。新加坡最大的研究所 A*Star 研发了一款宠物机器人 Huggler。Huggler 能够在被抚摸时发出不同的声音，不仅可以丰富老年人的生活，还可以监测其情绪变化、诊断其精神状况。

已有的看护机器人的最大缺点是不能做到与老年人实时、有效地

沟通，因此也就难以缓解他们的孤独情绪。为什么呢？主要是因为语音识别等技术还不完善。机器人虽然可以对一些特定的词语或语句做出反应，但是不能像人一样具有思维、不能使用类似人类的语气来交谈，这正是急需改进的地方。

2 健康身体的守护神

身体是革命的本钱。随着物质生活水平的提高，人们不仅更加注重健康，而且还希望降低治疗风险、减轻治疗痛苦、减少药物的副作用。

医疗机器人主要有纳米机器人和手术机器人，它们为人类治疗疾病提供了一种新的途径、一线新的希望。

1985 年，研究人员使用工业机器人 PUMA560 辅助完成大脑组织活体检查。这是机器人首次被应用于医疗外科手术，也标志着医疗机器人正式进入公众视野。现在想想仍然觉得挺可怕的，如果机器人一不小心用力过猛或者医生的指令稍有失误，那么后果将不堪设想。当然，我们作为非专业人士想多了，真的想多了，要相信高科技！30多年过去了，如今，手术机器人不仅在骨外科、腹腔外科、颅面外科等手术中得到广泛应用，而且纳米机器人还可以在体内长期"巡逻"，为健康保驾护航。

医疗机器人不是为了代替医生，而是让医生更好地为病人服务。例如，医生不需要记住大量的病人信息，从而有更多的精力来与病人互动、交流。另外，机器人做手术时产生的创伤小，它们抗疲劳、情绪稳定、动作精准，在设计好相应的手术方案后，可以替代外科医生的许多工作，从而让医生可以更专注地研究治疗方案。

电影《超能陆战队》中的充气机器人"大白"是人类的医疗伴侣，能够快速扫描、检测出人体的不正常情绪或疾病，并对其进行治疗。动

我们是医疗机器人

画里的大白机器人深受观众喜爱。现实生活中，这类医疗陪护型机器人也已经投入使用。在我国，医疗机器人的理论研究和实际应用都取得了一系列成果。

医疗机器人要识别体内的器官或病灶，要与身体直接接触，其研究涉及医学、传感器、材料学、生物力学、计算机图形学等诸多领域。例如，机器人可以使用摄像头来感知外面的环境，但是，如何感知人体内的生理环境呢？

融入身体定点给药——纳米机器人

这个世界很神奇，有大就有小，有阴就有阳，有好就有坏。机器人也是如此，虽然有气势威猛的大块头机器人，但也有肉眼看不见的纳米机器人。纳米机器人的能耐之一：能够融入身体，并且在体内游动。

麻雀虽小，五脏俱全，纳米机器人也需要有相应的智能系统。例如，人体的静脉、动脉系统非常复杂，所以纳米机器人还需要配备精准的导航系统，该系统的作用之一是当不需要停留在体内时找到合适的出口。

口服类或者注射类药物有两个方面的副作用：一是药物到达病灶时药效已经损失了许多，二是药物会对消化器官或其他所经过的部位产生副作用。纳米机器人可以回避这些副作用，因为它们能够将小剂量的药物直接送至患病部位。纳米机器人根据生物学原理而设计制造，在纳米精度进行控制、操作。这些机器人可以长时间在体内游动，锁定病灶后就可以立即释放所携带的药物，从而精确地执行粉碎结石、疏通血栓、杀死病变细胞等任务。纳米机器人本身的体积也许超过纳米级别，但是其所操控的物体处于这个级别。

对于纳米机器人，待解决的问题较多。例如，能量如何吸收、如何转化？纳米机器人在人体内"吃掉"坏死的细胞，那么，再如何转化成有用的细胞、物质或者能量呢？

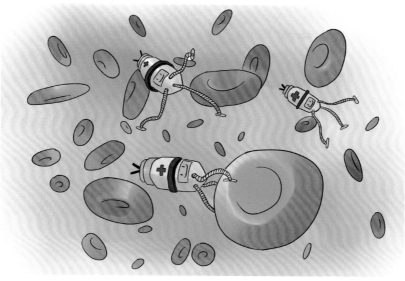

我们是纳米机器人

继汽车工业之后，新药研发将成为机器人进军的下一个领域，而纳米机器人在生物医药领域的应用将成为下一个亮点。生物医药领域的产值将远大于汽车行业，但是在研发新药的过程中，很多过程是人工完成的，其自动化程度较低。一般的技术工人就可以在车间装配汽车，而从事新药研发的人员却需要有较高的专业素质，因此新药研发成本也就很高，从而迫切需要提升自动化程度。

所以，如果能够将机器人及其智能技术引入新药研发的过程，其经济价值将非常大。

在我国，中国科学院沈阳自动化研究所走在了纳米机器人研究的前沿，取得了较好成果。另外，浙江大学、中国科学技术大学、上海交通大学、哈尔滨工业大学等高校或科研院所也在医疗机器人研究方面取得了一定的成果。

纳米机器人可以与基因技术结合，例如，从基因里除去有害的

DNA（脱氧核糖核酸），或者把正常的 DNA 安装在基因里，从而使机体恢复正常状态。前面说到机器人是一把双刃剑，纳米机器人尤其如此。在战场上，军用纳米机器人进入敌人体内后，如果不断地自我复制或繁殖，堵住人的鼻子、眼睛或嘴巴，其后果将不堪设想。

　　美国、日本等发达国家的工业机器人研究起步较早，技术也相对更成熟些。那么，这些国家在每种机器人的研究方面都一定领先我国吗？不是。

　　随着机器人技术在新领域的应用，许多国家在纳米机器人等领域都站在了同一起跑线上。因此，我国还不至于被别人牵着鼻子走。但是，我们要抓住机遇，争取在这些新的应用领域成为机器人产业的领跑者。

延 伸 阅 读

机器人在广州

　　在高科技产业方面，广州一直是国家的标杆。广州市国际工业机器人博览会是华南地区最具规模的工业机器人展，从 2015 年起每年举办一次，已经成为广大展商开拓及巩固华南、东南亚等市场的重要方式。2015 年，广州市智能装备和机器人产业的总产值近 400 亿元，位居华南地区前列，初步形成了以 40 多家工业机器人及智能装备企业为主体的产业集群。

　　目前，广州市的机器人产业以本土制造为主，本机、关键零部件与系统集成均有较大的规模，产业链较为完整。广州市已经明确发展机器人等十大领域，这将为机器人发展提供广阔的舞台。

把手术精确到毫米——手术机器人

目前，手术机器人技术日渐成熟。例如，达·芬奇外科手术系统是一种高级机器人平台，它以麻省理工学院研发的机器人外科手术技术为基础，其设计理念是通过使用微创的方法来实施复杂的外科手术。美国食品药品管理局已经批准将达·芬奇机器人手术系统用于成人和儿童的普通外科、胸外科、泌尿外科、妇产科、头颈外科及心脏手术。目前，每年采用该系统开展的手术已超过 20 万例。

达·芬奇外科手术系统有什么特点呢？一个操纵台、几条机械臂、一个三维影像系统是其核心组成。手术房内，病人躺在手术台上，但医生却坐在操纵台前。医生借助"达尔文机器手臂"，通过高分辨率、放大 10 倍的影像来开展手术，他们也会感觉到有一个"复制的我"在给病人做手术。

手术时，医生在哪里？医生和机器人如何分工呢？医生负责观测和指导机器人的工作，他们既可以在手术室的控制台附近，也可以位于地球的另一端。一旦医生确定了病人的切口位置，装有照相机和其他外科工具的机器人将实施切除、止血、缝合等操作。医生可以通过远程控制或语音指令来启动机器人，在机器人执行手术的过程中，他们的双手不需碰触病人。

利用机器人实施手术有什么优缺点呢？优点：伤口小、流血少，而且机器人不会疲劳。伤口小，就减小了切除病灶外围神经的可能性；流血少，病人就恢复得快；抗疲劳，就可以让更多的病人及时得到手术。缺点：价格贵。昂贵的价格导致单例手术的成本偏高，也导致愿意引入手术机器人的医院偏少，从而又进一步导致单例手术的成本很难降低。

在战场上，手术机器人可以更冷静地为病人做手术，不会受到声音、战争局势的干扰。在高原等缺氧环境里，手术机器人可以很好地减轻医生的负担。

现阶段，手术机器人还存在其他什么问题呢？首先，医生培训的难度增加。熟悉一项新技术，培训是必不可少的。传统的手术培训到国内有条件的医院就可以了，但操作手术机器人的医生必须要在世界顶级的培训机构接受专门的培训，合格后才可以上岗。其次，医生适应机器人手术需要时间。医生在执行传统手术时直接接触病人，手感良好，而手术机器人是使用机械臂来代替人手，医生在操纵台轻轻捏一下，机械臂感应到的力量可能很大。所以，医生在刚开始的时候会感觉很不适应，以至于在开展前几例手术时所花的时间反而增加了。

手术机器人来了，谁掌握手术期间的控制权？

医生！手术机器人只是医生的辅助工具。在遇到意外情况时，仍然需要经验丰富的医生来判断、决策。即使以后自动化程度提升了，最高决策权仍然属于医生。

手术机器人

我国的机器人顶层设计与地方组织

1986 年 3 月，我国启动实施了高技术研究发展计划（863 计划），其目的是应对日益激烈的国际竞争。863 计划以政府为主导，智能机器人是主题之一。

在 2014 年 6 月的两院院士大会上，习近平主席提出要求：不仅要提高我国的机器人水平，还要尽可能多地占领市场，要审时度势、全盘考虑、抓紧谋划、扎实推进。

2014 年 11 月，"机器人与智能制造院士论坛"在深圳举行。专家们在会议上表示，我国的机器人发展应走中国特色之路。

2014 年底，"中国智造 2025"的概念被首次提出，其根本目标是实现我国从大到强的过渡，力争在 2050 年达到世界制造强国水平。

2016 年，工业和信息化部正式发布《机器人产业发展规划（2016—2020 年）》，明确了机器人产业发展的目标。

在遵循顶层指导方针的同时，许多地方组织也在努力发展当地的机器人技术。2009 年，深圳市机器人协会成立，这是国内首个地方性的机器人协会。2016 年 10 月，世界机器人大会在北京举行，本次大会吸引了全球约 150 家知名企业前来展示其最新的机器人产品，并且举办了医疗机器人、无人机、人工智能等 20 多场机器人相关的专题论坛。

3 工作效率的加速器

机器人不仅可以用来照顾家人、治疗身体疾病，还可以用来提升工作效率。工作效率的提升意味着对原来某些岗位的需求量减小。但是，事物总是具有两面性，一类工作岗位减少了，另一类工作岗位可能就出现了。

摆脱地理环境的束缚——无人机前景巨大

小故事

　　据英国《每日邮报》2016 年 7 月 31 日报道，在里约奥运会开幕式彩排期间，巴西警方利用机器人将马拉卡纳体育场内发现的一可疑装置实施引爆。为了保障 G20 杭州峰会的顺利召开，也用到了水下机器人、排爆机器人、无人机等多款机器人设备。例如，浙江国自机器人技术有限公司的巡检机器人被运用于此次峰会的电网保障巡检工作，深圳优必选科技的 Alpha 系列机器人也亮相 G20 杭州峰会宣传片。

　　近几年，无人机是一个十分热门的话题。

　　无人机的应用场景之一是战场。许多国家的军方组织把无人侦察机作为重点发展对象。这些无人机将向小型化、智能化和通用化等方向发展，也朝着高空、长时间航行等方向努力，而且会出现多无人机编队协调作战。无人机不仅可以减少人员伤亡，而且操作简单、隐蔽性好，造价仅有载人驾驶飞机的 10%。

无人机的另一大发展趋势是民用。无人机容易到达人类难以到达的地方，几乎不受地面障碍物的限制。

首先是拍照。对于堆成一座座小山的煤料，人们很难爬到其顶部去估算高度和体积，但是，使用无人机却可以轻松地拍到全景照片并得出结果。要在高原地区、沙漠地带或崇山峻岭之间修建一条铁路，事先的地形勘测是非常重要的。全部使用人力不仅成本高，而且危险，无人机却可以在较短的时间内获取地形地貌。相信很多人都还记得 2008 年初的雪灾，好不容易买到一张回家的票，但是却遇到高速封路、铁路停运，团聚的心愿不知何时才能实现。在这种情况下，无人机虽然不能阻止恶劣的天气，但是却可以为决策部门提供详细的气象观测信息。

简言之，当需要全面地了解环境信息时，就可以考虑使用无人机，例如，城市环境检测、地球资源勘探等。

空中运送货物也是无人机的一大优势。2013 年起，顺丰等快递公司曾尝试利用无人机为客户派送快递。然而，这项技术仍属于测试阶段，并没有公开的后续推广计划。当然，空中运送物品涉及的不仅是如何投放的问题，还涉及航线规划、空中避障等问题。

如果能够确保无人机在离开人的视线之后也不会干扰民航飞机和军用飞机，如果 Google、亚马孙等公司的相关研究进展顺利，那么，我们的圣诞礼物很快就可以"从天而降"。

目前，深圳市大疆创新科技有限公司是全球领先的无人机飞行平台和影像系统制造商。根据 2015 年路透社的统计数据，大疆在全球商用无人机市场中占有 70% 的份额。在广州，极飞电子科技有限公司、亿航智能技术有限公司等都是知名的无人机研发与制造公司。例如，极飞 P20 无人机每天可以给 400 亩土地喷洒农药，而且还大大节省了农药和用水量。

虽然机器人市场前景巨大，但是，如果想创办机器人企业，我们必须要保持冷静的头脑。为什么呢？企业一定要有自己的核心技术！如

果没有核心技术，机器人产品的精度、可靠性就会存在较大的不足，消费者也就不愿意购买。如果核心技术依赖进口，那可能就会由于成本过高而导致利润急剧下降。从机器人创意到产品化，需要技术、资金和时间等。

　　除了自己研发机器人的核心技术，还有其他方法来快速引入机器人吗？有，可以整合。美的公司就是很好的例子。2016年8月，美的公司收购了德国机器人巨头库卡公司。中国市场是库卡的短板，但却是美的的长处。库卡公司在工业机器人和自动化生产领域的技术优势可能极大地推动美的公司的制造升级，而美的公司可能使得库卡在中国地区的收入实现几何级数增长。值得一提的是，在这场收购之前，美的公司就已经开始布局机器人领域。与其说这是一场收购，不如说这是巨头之间的强强联合。

机器换人与人工成本

购买一批机器人，换掉一部分员工，这种做法真的能一劳永逸吗？使用机器人，成本真的就降低了吗？

看上去如此，其实未必。

首先，是机器人的成本回收。以富士康企业为例，该企业的业务主要是为 IT 企业代工，而 IT 企业的主要特点是产品更新快。机器人的功能目前还不具有通用性。也就是说，为了生产不同的产品，厂家需要为机器人配备不同的零件、开发不同的程序，这时成本回收就成了必须要考虑的因素。

第二，是机器人自身的技术难题。工业机器人的优势体现在运输、特殊环境下作业等简单工作，其机械手也可以360°旋转。但是，机械手的灵活程度远远不如人类，因此在打磨、抛光等工作中还需要人工完成，否则生产出来的产品会令用户失望。

第三，机器人成本是个变量。使用机器人之后，其研发、升级、管理、维修等成本将全部由企业自己承担。在人工时代，企业不管接到什么订单都可以要求员工达到相应的工作标准，并且控制工资成本。机器人可不是那么"听话"的！在适应新任务的过程中，程序不正确就是不正确，自身的零件坏了就是坏了，它们虽然不起诉，也不要求加工资，但就是不完成任务，最着急的就是工厂老板，而用户也要跟着遭殃。为什么用户也会受到影响呢？因为，如果现在就把全部工作交给机器人，谁能保证手机的制造成本真的能降低？谁能保证机器人生产出来的不同品牌的手机各具特色而不雷同？当制造成本升高了，手机的售价也就提升了。当发现自己的手机与别人的手机外观几乎相同，用户心理上的优越感和满足感也就降低了。

蕴含新的工作机会————"工业4.0"与"机器换人"

在美国加利福尼亚州的 Aloft 酒店，客人点了"送餐到客房"的服务。但是，来送餐的不是真人，而是名为 Botlr 的机器人管家。Botlr 会自己判断楼层和房间号，送到门口前还打电话告知客人，客人也可以通过触控屏幕和它互动。

机器人来了，人类的工作会被"抢"走吗？

每当一个新的事物诞生或即将普及时，我们总会听到类似这样的问题。这类问题需要细细分析，但是，没有必要过分担心。

我们想想看，20世纪90年代初，只有部分研究机构、高校等单位有电脑。那个时候人们就在问：电脑出现了，很多工作是否不需要人来做了呢？人是不是要下岗了呢？20多年过去了，电脑确实带来了便利，改变了人们的交流方式，提高了生活质量，但是，善良、聪明的人们很快就与电脑和谐共处，而且能够驾驭它们。一部分人的工作方式发生了变化，像记账员，但是，电脑并没有导致就业恐慌。现在，人们反而不适应没有电脑、没有智能手机在身边的生活！

有人说，这次是机器人，不是电脑，也不是智能手机。是的，机器人的冲击力可能要大一些。但是，人的神奇之处就在于其适应能力。顺势而为、顺天应人，即使"我的同事不是人"，我们也能够找到自我、实现自我的价值。我们善于接受新事物，真诚地接纳机器人，同样地，也会冷静地看待"机器换人"。

学术界、产业界一致认为，"工业 4.0"就是以智能制造为主导的第四次工业革命。当前蓬勃发展的互联网经济，存在重营销轻制造的缺陷。如果不能重视制造业智能化转型这一核心内容，互联网企业很可能会因产业链重组而变得落后。

"机器换人"的时代已经来临。珠江三角洲地区的政府部门投入专项资金资助企业实施"机器换人"，企业每年以 30% 左右的增幅引入机器人，这个趋势已经蔓延到了整个华南地区乃至全国。富士康公司也曾表示，未来几年将部署 100 多万台机器人。

机器换人，不仅仅体现在工厂。可以说，每一类机器人都是在一定程度上替代人类的部分工作。由于对技术等方面的要求不同，像搬运等岗位可能完全被机器人取代，只留下少许工人来管理机器人，以防止它们出现故障或者其他意外。

机器人来了，普通员工怎么办？第一，提升这些服务的深度和广度，有些任务是机器人最近几年不能够胜任的，让这些人员继续在原单位工作，可以更好地发挥机器人的作用。第二，加强对工人、技术人员的培训或再教育，使他们适应新的社会竞争，能够在新的行业发挥自己的特长。

其实，变化无处不在。昨天，电脑来了；今天，机器人来了；明天，又有一个新的事物要来。唯一不变的，就是变。这是亘古不变的道理。《易经》是我国古代的两大奇书之一，它通过描述自然现象来反映自然规律，讲的就是"变"。我们常说的"变卦"也来自于此书。《易经》有 64 卦，每卦有 6 个爻，只要其中一个爻发生变化，就成了另一个卦。而且，每个卦都有开始、发展和结束，这也反映出每种事物都有从诞生到退居幕后的过程。

机器换人，也蕴含着机会。

机器人的大规模使用会催生一些新的工作岗位。例如，机器人的

研发、操作与维修，这些是使用机器人的企业必须要考虑的。研发出优秀的机器人，需要原来的普通技工参与，因为他们最清楚在实际工作过程中可能出现哪些问题。那么多机器人，谁来操控呢？工业机器人目前的水平适合做固定的、预先设定的工作，为防止在大规模使用时出现意外，将来较长一段时间都需要人类来操控它们。机器人是机械产品、电子产品，所以维修是必然的。我们必须清醒地认识到，"自动检测机器人故障"只是小范围内的自动化，其实也就是自动检测几种固定类型的故障，要想提高故障检测效率，仍然离不开人的参与。

所以，我们要冷静地看待机器换人。

首先，机器换人并没有传说的那么悲观。机器人确实会代替人类的一部分工作甚至许多工作，但并不代表对人工的需求会变为零，只是逐渐变少了而已。先进的机器人技术让人们使用更好的方法做事，而且同时会创造新的工作机会，所以，我们的重点是如何让人类能够胜任这些新的岗位。因此，需要有组织或机构来教育、培训人们，使之能胜任当前还不存在的工作，并且培养其适应新环境的意识。例如，无人机的领航员、把 3D 打印器官放进身体的专业人员、机器人个性设计师等，这些岗位现在听起来很遥远，真的到了那么一天，可能就感觉很自然了。这就像快递行业，十年前还比较陌生，现在已经渗透到广大农村。

第二，机器人只能代替人类的部分劳动。在电影《I, Robot》里，机器人可以制造机器人。其实，当需要生产的产品是机器人并且已经将流程设置好，就可以使用机器人制造机器人了。跟普通的机器人制作产品相比，只不过现在的产品是个机器人。作为人类制造出来的产品，从本质上说，机器人的智能仅体现在能够按照人类预先设定的程序来按部就班、机械式地工作，暂时还很难像人类一样对成功的经验、失败的教训加以总结并举一反三，也不能进行开创性的工作。但是，如果谁还认为自己的工作是"铁饭碗"，还用"积蓄够用、一劳永逸"的思维方式来生活，就极有可能被时代淘汰。

第三，机器换人的当前目标不应该是立即就用机器人彻底代替人，而是应该更重视"人机协作"。以前，机器人的工作与人类的工作是独立的，机器人是机器人，人是人，各司其职，似乎是井水不犯河水。但是，机器人有机器人的长处，人类有人类的优势，所以，强强联合、优势互补、共存共享才是关键，我的搭档可以不是人！从设计目标和使用效果等角度看，Rethink Robotics 公司推出的 Baxter 机器人是人机协作的典型代表，普通工人就可以在一小时内教会该机器人如何工作。

相反，我们更应该担心的是：我们研究、制造机器人的速度够快吗？我们应该加快机器人研发速度，一方面弥补劳动力的短缺，另一方面让更多的人从工厂的简单劳动走向创新发展的道路。美国的皮尤研究

中国制造

中心的调查发现，80% 的美国人认为自己的工作或专业不会受到机器人的冲击，他们更担心雇主的经营不当而导致他们失去工作。

　　既然机器人闯入了我们的生活，那么，我们就利用好、驾驭好它。

中国智造

延 伸 阅 读

哪些岗位更容易被机器人替代

其流程可以用程序实现、其功能可以由机器完成的岗位更容易受到机器人的影响。

（1）网络营销人员。近几年，数据挖掘、推荐系统是很火爆的研究方向。在海量的网络评论、电影、购物信息和电子邮件面前，如何预测出某个人的购物偏好呢？如何将合适的商品推荐给合适的人呢？人力在这方面就显得非常单薄了，分析软件的优势将逐渐明显。借助于日趋强大的分析软件，少量的营销工程师就可以确定广告的位置、制定优美的广告词。

（2）记者。用事实说话，所以，新闻有其相对固定的表达模式。如果能够从事件中提取出关键信息，如果能够把信息变成机器可读的模式，再加上少量专业人士的辅助，那么新闻稿件就很容易形成了，尤其是在体育赛事等不需要表达情感倾向的领域。例如，在2016年11月的美国总统大选结束后，机器人记者就可以在第一时间以安慰的形式去采访希拉里，有的负责安慰希拉里，有的寻找时机问问题。面对一群没有恶意的新朋友，希拉里可能更愿意接受采访，大众也更有可能了解到希拉里真实的一面。

（3）金融顾问。大数据、互联网、预测系统等结合，为分析和预测金融事件提供了有力支持。市场竞争日趋激烈，股市越来越难以人工预测，预测算法的重要性就越来越明显。在不久的将来，想投资、想买股票时，到证券营业大厅找台机器人咨询，几分钟后可能就拿到打印好的分析数据，也就是：一分金钱，一分数据。

（4）中药配药师。在医院的中药房，工作人员常常需要在不同的抽屉之间穿梭、取药，并且不停地用秤测药量。中药的特点之一是干燥、便于分拣，当事先按某种规则对它们分门别类后，再使用机器人来根据处方配药的难度就不大了。

（5）音乐家。可以用算法分析音乐的架构，分析人类在不同情绪状态时喜欢聆听的音乐类型，从而现场合成所需的音乐。例如，当我们走进音乐厅的包间时，只要向机器人描述我们的状态和需求，它们就会自动地为我们表演音乐、舞蹈，而且在家里也可以享受这种服务。另外，可以使用算法来创作音乐，包括交响乐、歌剧等，因此，一些不出名但有天赋的作曲者就更有可能被大众发现。

（6）取证律师。在一些案件中，取证材料可能涉及几万页甚至更多的卷宗，人工整理的工作量很大，而且可能有差错。所以，可以首先由一台存储了大量案例的机器人系统自动撰写案情摘要，然后由有经验的律师稍作修改即可。

（7）解说员。2016年的里约奥运会上，在男篮1/4决赛澳大利亚对战立陶宛的比赛中，解说是由知名解说员杨毅和百度公司的机器人助理共同完成的。和人类解说员相比，机器人有诸多优势：没有情感倾向，不会因为自己喜欢的赛事结果出乎预料之外而出现情感波动；能够有效地把握节奏，可以做到精确地在某段时间表述完某段话；可以十分准确地掌握历史数据，并且迅速地搜索到比赛期间的观众评论。

推而广之，在不久的将来，前台接待、出租车等行业会越来越多地融入机器人的元素，也会因为机器人的加入而更具吸引力。

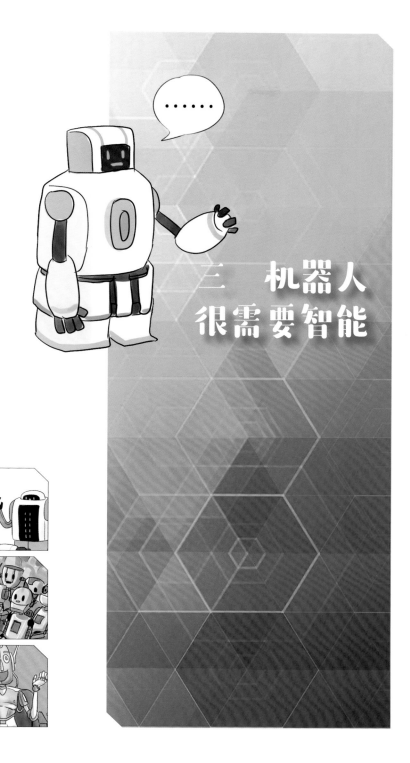

······

三 机器人很需要智能

AlphaGo 和李世石的较量，从本质上说是机器智能与人类智能的较量。

人的智能是全方位的。人可以背着重物在崎岖的山路上行走，关节也能够适应地面的变化。几年没有见到老朋友了，去火车站接他的时候，一眼就把人群里的他认出来了。相对于现在的机器人来说，人和自然界的其他生物都具有极高的智能，都是机器人学习的榜样。

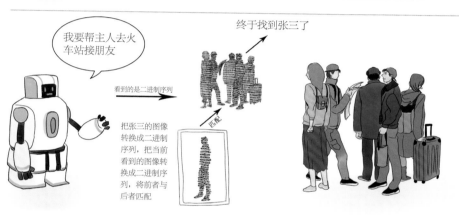

大自然是机器人智能的源泉

　　生物经历了几亿年的进化，适者生存、物竞天择。经过长期的遗传、选择和变异，它们在生理结构、信息处理、运动模式、环境适应等方面都具有高度的合理性和科学性，并且这些能力仍然在持续进步。大千世界，无奇不有，这些神奇的生命现象为机器人研究提供了素材，这类研究可以统称为仿生机器人研究，例如，仿壁虎、仿蛇、仿人、仿鱼等。先模仿，再超越。

能屈能伸——这种硬件才能适应环境

一只青蛙和蜈蚣相遇。青蛙久久地注视着蜈蚣，心里很纳闷：我用四条腿走路都那么困难，它怎么可以用上百条腿走路啊？到底是先迈哪条腿，再迈哪条腿呢？青蛙终于忍不住了，便鼓起勇气问蜈蚣。蜈蚣刚开始觉得这个问题很幼稚，后来又觉得很有意义，于是开始思考迈腿的顺序。奇怪的是，蜈蚣怎么也想不出是怎么控制这些腿的。蜈蚣站在那里，不知道该如何移动，蹒跚了几步，竟然趴下了。青蛙感慨道：本能就是本能，使用起来非常自然，但是太难模仿。

电影《超能陆战队》里，机器人大白在经过桌子和椅子之间的缝隙时，主动侧着身子经过。如果不侧着身子，胖胖的大白肯定不能够穿过此缝隙。

能屈能伸是人类及其他生物的一种必备技能。在自然界，章鱼可以把身体弄成任意形状。人在长时间学习一项技能之后，身体结构也会发生相应的变化，例如，运动员的肌肉会越来越发达。因此，我们也希望机器人能够以类似的方式来适应环境，这也是体现机器人智能的过程。虽然我们不能改变环境，但是我们可以通过改变自己来适应环境啊。如何实现这种智能呢？正处于研究的阶段，主要是从材料学的角度来研究，例如，使用具有记忆功能、有弹性的材料。机器人的材料需要是刚柔并进的。

机器人首先要自己够强壮、够聪明，然后才可以考虑助人，特别是帮助老年人、小孩和残疾人。如果机器人比较柔弱，一不小心就摔倒了或者做出错误的决定，那谁还敢使用它们呢？

机器人的硬件是什么情况呢？时间长了会磨损、生锈、松动，从而导致精度降低或者某些零部件突然罢工。当环境发生变化时，机器人的硬件仍然保持不变，因此常常"碰壁"。简单地说，如果不考虑其软件，机器人现阶段的主要支撑部分仍然是铁质器材或其他弹性较差的器材。

相信很多人还记得电影《机械姬》里的机器人，他们的皮肤看上去与真人几乎没有差别。随着机器人皮肤的深入研究，机器人想要多美就有多美、想要多帅就有多帅，甚至可达到人见人爱、花见花开、车见车爆胎的程度，这主要得益于皮肤的功劳。

单一的功能很难应对复杂的环境，机器人的智能材料还需要与沟通能力相配合。为什么呢？举个例子，如果机器人的手指卡在了杯子的瓶口，它只需要说"我的手指卡住了，快来帮我"，那么很快就会得到帮助。即使三岁的小孩也很容易解决这种窘境，但是，机器人当前的智能还远远做不到这一点。因此，机器人必须要有沟通能力。否则，如果机器人仅仅只说"哎呀，快来帮帮我吧"，其主人还得过来仔细检查，看看究竟发生了什么事情，这样就耽误了时间。

主人,请帮帮
我,手卡住了

小 知 识

用大脑控制机器人

用遥控器控制机器人,其速度还不够快,而且老年人也不擅长使用遥控器,如果能够用大脑控制机器人就好了。研究脑机接口技术的最初目的主要是提高残疾人的生活质量,让其能够不依赖神经和肌肉就可以自由地控制假肢。目前,高校和研究机构的重点主要是脑机接口算法,离大规模的临床应用还有较长距离。

透过现象看本质——软件的目标

考试时先粗略地看一遍试卷，就知道自己大概能拿下多少分，看某个人的言行举止就知道其个性，中医通过望、闻、问、切就知道这个人的身体状况。

人类具有分析、判断和预测等能力，能够把信息转化成系统的知识结构，并且在此基础上进行抽象的、预测性的，甚至创造性的决策。这些能力，也是人类文明发展的基础。

机器人是人类的超级替身，在某些方面的能力比人类还强大。因此，机器人也需要有这种透过现象看本质的能力。这种能力靠什么实现的呢？是硬件，还是软件？现阶段，还得靠软件。

和人类相比，机器人有两大致命的缺点。一是环境抽象能力较差。环境抽象就是把复杂的环境简单化，也就是抓住问题的本质。例如，分析商场的监控，警察一眼就能从人群中发现鬼鬼祟祟的可疑人物。他们是怎么看出来的？为什么只关注这个现象？这依赖于其经验和目标。二是知识表示方法欠佳。知识表示就是把问题的本质表示成便于机器理解的形式。例如，警察在发现异常现象后马上判断出是小偷在偷东西，"小偷偷东西"是人类容易理解的表达方式，而机器人却不知道如何简洁地表示这种异常现象。这两大缺点导致机器人不能及时、有效地提供信息。

人的认知具有模糊性，彼此可以用"差不多"的信息来交流，而机器人需要精确地表示信息。例如，六两就是六两，七两就是七两，没有六七两的说法。背诵了一篇课文之后，我们在一段时间内可以随时复述出来，但这篇课文以什么形式保存在大脑的什么地方呢？我们不知道，也不需要知道。机器人则不同，必须要用机器能够理解的形式明确地表示这篇课文，并且把它存储在某个具体的区域，以后找这篇课文时就从这个位置开始。

生物的智能往往是由其生理特性和心理活动决定的。那么，如何模拟这些智能呢？最直接的办法就是：先描述生物的某种特性，然后用软件实现。如何描述这种特性呢？需要借助于生物学家、心理学家的研究成果，否则，其他人员仅仅是基于自己想当然的模拟，与问题的本质可能没有任何关系。已有的知识就像一副有色眼镜，镜片是什么颜色，看到的世界就是什么颜色。但是，世界的颜色却不依赖于镜片的颜色。所以，在可以预见的未来，机器人的智能需要通过软件实现，或者把软件的功能固化在硬件里。

机器人的硬件需要与软件匹配，就像人的工作负荷要与人的身体结构、力气相当才可以。

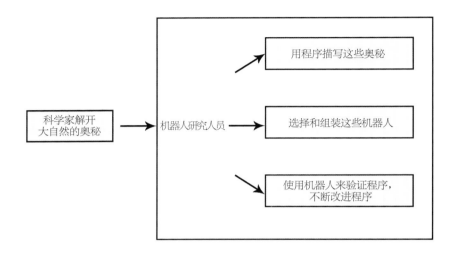

提到软件，很多人就想到编程。那么，机器人的编程语言是什么呢？很多语言都可以，C 语言、C++、Python、Java 等。语言，只是一种工具。

大数据时代，机器人软件还需要具备实时处理大量信息的能力。基于大数据的机器人系统更强调处理数据的高效算法。在大量信息面前，机器人首先面临的是如何快速获取有效信息的问题。一辆自动驾驶汽车每小时就产生 1TB 的数据，2025 年全球将有 800 亿电子设备可以连接到网络。机器人自动地、快速地把有效信息提取出来的基础是什么呢？是算法。算法的基础是什么呢？是数学。数学就是一把锤子，在它的眼里，所有的问题都成了钉子。

在大数据时代，机器人拥有者之间应该共享数据、挖掘数据的深度价值，并且都要意识到，这种共享不仅是大势所趋，也是利人利己的。

多机器人共享数据不仅限于当前执行同一任务的多个机器人，还包括不同部门，甚至不同单位的机器人。

　　机器人需要透过现象看本质。那么，作为机器人的学习榜样，人类和其他动物是如何感知环境的呢？是结合当前目标和自身能力来感知环境的，感知的结果是"我现在要做什么动作"。例如，一头饥饿的狼在看到一只鸡时会立即扑过去，但是，已经饱餐一顿的狼对此可能没有任何反应。人类可以在脑海里模拟各种动作，这种模拟可以说是零成本的"深思熟虑、反复推敲"，例如，当前面有一条小沟时，就会在脑海里

树上有块肉

"试着跨越这条沟"，然后再决定是跨过去，还是绕过去。机器人还做不到这一点。但是，机器人需要做到！如何做到？配置仿真软件。

与普通的仿真软件相比，机器人的仿真软件有什么特色呢？简单地说，就是用户可以随时改变里面的任何东西，机器人就像是在真实场景中工作。

总的来说，大自然已经为我们研究机器人打开了一扇神奇的大门。虽然暂时还不清楚门里面到底有什么，但是，仅仅站在门口观望就已经让我们兴奋不已了，后续的研究将把我们带入一个更为奇妙的世界。

小知识

机器人操作系统

机器人的三大操作系统是 Ubuntu、Android 和 ROS（Robot Operating System），这些都是开源、免费的。ROS 基于 Linux，所以其可靠性更高，体积可以做到更小，适合嵌入式设备。2015年，基于 ROS 操作系统的机器人公司吸引的风险投资超过了 1.5 亿美元。

2　学习方式多样化

学如逆水行舟，不进则退。在这个竞争激烈的社会，机器人作为人类的好朋友，也需要有危机意识，需要不断提升自己的知识水平和竞争能力。

机器人如何适应竞争呢？办法是唯一的，那就是：学习。

试想想，机器人如果不能够学习，每天、每年都千篇一律地展现一些固定的知识，那么，再有耐心的用户也会厌烦，其后果是机器人会像废旧的电脑一样被冷落。

人类的精力有限，不可能教会机器人所有的东西，也不可能天天教机器人新东西。例如，家里来客人了，只要告诉机器人"这是我的好朋友张三"，机器人就应该悄悄地拍下张三的照片，然后用自己的方式来描述张三的模样。一段时间后，张三再次来访，机器人看到后就主动打招呼"欢迎你，张三，你上次来访是2016年12月31号，请玩得开心些"。

学习，其实是人类的本能。

机器人应该怎么学习呢？像人类及其他生物那样学习。以人类的婴儿为例，刚出生的时候，父母教其一些基本知识，当其能够走路了，就需要自己主动去学习，在学习中成长。主动学习的收获要远远大于从父母那里获取的知识，例如，人际交往能力、危险的判断与解除能力是父母很难教会的。

因此，机器人要有一颗"学习的心"。学习无处不在，把一切都当作老师。

站在巨人的肩膀上——复制同类的智慧

新学期的第一堂课是由李教授主讲的"智能机器人"，但是，大部分同学都没精打采的，似乎还沉浸在春节的喜庆气氛里。李教授并没有生气，问道：这次春节，不少电视节目里表演机器人舞蹈，哪位同学说说看，怎么判断这些机器人有没有智能？这是专业课，不适合说外行话。教室里顿时安静下来。李教授慢悠悠地说道，今天是第一次课，那我们就只抛砖引玉地谈两点。其一，某个机器人意外地出错了，其他机器人主动将错就错，从而保证整齐划一。这就像军训期间练习走正步，排在队首的同学不小心迈错了脚，其他同学相应地调整自己的动作。其二，根据现场观众的情绪，带头的机器人临时创作了几个动作，其他机器人跟着做起来，其效果就像"事先已经排练过"。

人类可以互相帮助，老师能够对学生传道、授业、解惑。那么，某个聪明些的机器人是否可以将自己的知识在短时间内传授给同伴呢？

在回答这个问题之前，我们先思考人类的记忆、知识是否可以复制。目前，科学家仍然在探索人类是如何记忆、存储和更新知识的。要想把牛顿的智慧复制给爱因斯坦，估计很长一段时间都不能够实现。前面谈到，只有科学家把大自然的奥秘解开了，机器人研究人员才可以考虑将其原理在机器人身上实现，在此之前只能以已有知识为基础去模拟，不能保证其可靠性、合理性。

　　目前，机器人的硬件、软件都是人为设计的。也就是说，这都是基于一个大前提：研究人员假设自己已经弄懂机器人的工作原理。这时可能有人会问：不是说科学家还没有搞清楚人类智慧的机理吗？怎么就等不及了呢？是的，这个疑问很有道理。但是，机器人研究人员的做法也是对的。他们的方式是对人类工作机理的初级模仿，如果其效果能够和人类表现得完全一致，那么，也可以说明人类已经解开了自身之谜。一方面努力解开人类认知的奥秘，另一方面尽力为机器人设计工作机制。理论与实践相结合，双管齐下，更容易取得成果。

好了，现在答案应该很明确了。是的，从理论上说，机器人可以复制同类的智慧。

这个智慧到底是什么呢？就是知识，也就是：已有的知识库＋知识的学习方法。举例来说，A机器人已经工作了一段时间，并且已经获得了一些知识。这相当于A机器人用来存储知识的仓库里已经存放了一些内容。当B机器人要复制A机器人的知识时，和B机器人原始的知识相比，相当于在仓库里增加了一些知识，增加了学习规则。目前，机器人的知识都是通过软件实现的，是可以复制的。也许有一天，当人类弄透自己的学习机制时，他们也可以相互复制知识。

在机器人之间复制知识的时候还需要解决一个问题：知识冲突。这就像做作业时抄袭其他同学的答案。对方的答案可能和自己的答案不同，而且，对方的答案也不一定正确。虽然牛顿和爱因斯坦是不同领域的科学家，但是，他们已有的知识也可能产生冲突啊。例如，牛顿可能认为苹果是因为万有引力而掉落在他的头上，爱因斯坦则可能认为这是由于苹果太重而造成的。

延 伸 阅 读

国外的知名机器人实验室

麻省理工学院的CSAIL（Computer Science and Artificial Intelligence Laboratory）实验室侧重于研究人工智能和机器人。iRobot公司的创始人科林·安格尔、波士顿动力公司的创始人兼CEO马克·雷柏特都来自该实验室。CSAIL的机器人研究主要针对太空机器人、军事侦察机器人和下一代机器人等领域。

卡内基梅隆大学在 1979 年成立了机器人学院（Robotics Institute），并设有国家机器人工程中心。他们专注于培养顶尖的研究者，在全世界率先推出机器人博士项目。

宾夕法尼亚大学的 GRASP 实验室（General Robotics、Automation、Sensing and Perception）以飞行机器人研究为重点，研制出了一系列机器人。2012 年，该实验室的韦杰·库玛院士在 TED（Technology、Entertainment、Design）演示了飞行机器人。这些机器人可以单独飞行或协作飞行，可以像蝙蝠一样穿越障碍。如果配备先进的视觉等传感器，其优秀的飞行和避障能力可以应用于军事探测等领域。

大阪大学在 2010 年就公开展示了其研制的可模仿人类表情的机器人。

意大利理工学院研制的机器人 iCub 是目前世界上最先进的机器人之一，研究 iCub 的目标之一是为机器人赋予自我意识。

有了网络——机器人学习更方便

网络给人类生活带来了极大便利。买东西，上网；查资料，上网；迷路了，上网；想知道"双十一"的快递已经到达哪个城市了，上网。网络似乎是万能的。但是，网络的作用不仅限于查阅，而且要利用网络来学习，例如，网上论坛、远程教学等。

作为人类的贴心小伙伴，机器人也要学会利用网络来学习，从而可以在关键时刻为主人排忧解难。

有了网络，每个机器人都可以学习、吸收其他机器人的知识，然后转化为自己的知识，进而产生更高的智能。每个机器人的知识也都可以

被其他机器人共享。有了网络，机器人还需要学习如何筛选知识。

和普通的学习相比，基于网络的机器人学习有什么特殊之处呢？首先，机器人可以使用已经发布到网络的最新成果。其次，可以将疑难问题发布到相应的网络社区，从而借助世界各地的人类网友或机器人网友的力量。集体的智慧是无穷无尽的，这种情况下，机器人发现问题、解决问题的能力都比以前有大幅度的提高，而且其提高程度具有不可预知性。

前景虽然美好，但是，面对眼花缭乱、参差不齐的知识，机器人需要保持清醒的头脑，也还有一些问题必须解决，如：

第一，如何把知识表示为便于在网络传播的。例如，机器人可以倒咖啡，但是怎么把它图文并茂地描述出来呢？

第二，如何把网络上的知识转化为自己需要的。特别地，当网络知识与自己的知识出现冲突时，如何判断哪个是正确的，或者它们分别适用于不同的情形。

机器人可以通过许多途径获得知识，而真正需要的知识也许需要"淘"出来。知识太多，求知欲强，机器人还可能会遇到利用"求知若渴的心理进行诈骗"等现象。

机器人的学习应该具有什么特点呢？特点很多，和传统的"填鸭式"相比，大概有如下特点：

第一，学习方式多样化。

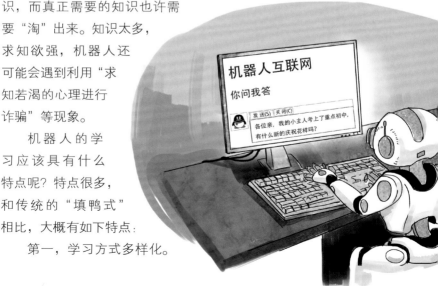

人是怎么学习的？眼观六路、耳听八方，日有所思、夜有所梦，吾日三省吾身。这些都和学习相关。

第二，在执行任务的过程中学习。也就是说，知识被现场检验、现场更新。而不是用旧的知识来执行任务，不是等任务执行完毕后再分析该过程，再总结出新知识。

我们知道，微软、英特尔等公司是 PC（Personal Computer）时代的霸主，但是以苹果、Google 为代表的移动阵营却让这些霸主很被动。原因有两个方面：一是移动互联网的商业模式并不成熟，PC 互联网上的技术、产品优势并不能够平滑地导入移动平台；二是新生的移动互联网企业专注于移动平台，没有"食之无味、弃之可惜"的负担，也就不需要思考"PC＋移动"的模式，因此它们的产品更适合移动用户。

机器人目前还做不到自主地利用网络来学习，但是，电脑、手机的发展历程给机器人敲响了警钟：必须要顺应时代的需求，必须要努力学习。

延 伸 阅 读

机器人领域的部分期刊与学术会议

机器人的研究成果通常以期刊和会议等形式来交流。机器人领域的部分知名期刊有：*International Journal of Robotics Research*、*IEEE Transactions on Robotics*、*International Journal of Advanced Robotic Systems*、*Industrial Robot*。另外，期刊 *IEEE Transactions on Cognitive and Developmental Systems* 侧重于刊登"机器人像人类一样的发育"的研究成果。

机器人领域的知名学术会议主要有以下 3 个，与会人员主要来自产业界和学术界。每次会议通常持续 4~6 天，会有较多的世界知名学者作专题报告。

ICRA（International Conference on Robotics and Automation）是由 IEEE 机器人与自动化协会（Robotics and Automation Society，RAS）发起的机器人领域的旗舰会议，每年 5 月左右举办一次，参会人数超过 1 000 人。2011 年首次在我国上海举办，2014 年在香港举办。

IROS（IEEE\RSJ International Conference on Intelligent Robots and Systems）主要由 IEEE RAS、RSJ（the Robotics Society of Japan）等 5 个协会发起，是规模和影响力仅次于 ICRA 的顶级国际会议。IROS 始于 1988 年，曾于 2006 年、2010 年分别在北京和台湾举行。IROS 会议在每年 10 月左右举行，并且附带一个机器人展览。

ROBIO（IEEE International Conference on Robotics and Biomimetics）是机器人学和仿生学国际会议，也是 IEEE RAS 门下的系列会议之一，从 2004 年起在每年 12 月举办一次，其规模和影响力略次于前两者。2012 年在广州举办，汇聚了来自 30 多个国家和地区的学者、企业界人士。

参加学术会议时，如何让收获最大化呢？

在经过一段时间的准备之后，终于可以参加会议了。之前只是在网络上见到"大牛们"的照片或视频，现在终于可以面对面交流了，心情当然会有点小激动。拿着厚厚的一本会议摘要（Conference Digest），到底如何着手呢？

首先，找机会与牛人面对面交流。俗话说，民以食为天。即使是学术泰斗、知名院士，也是需要吃饭的。所以，预先准备好一些问题，然后在欢迎招待会（Welcome Reception）、大会晚宴（Conference Banquet）、欢送会（Farewell Reception）或茶歇（Coffee Break）时直接去找他们。既然已经抽时间专门来参加会议，那么大牛们也就不会像平时那么忙了，这时候晚辈的诚恳态度就是最好的敲门砖。

第二，聆听特邀报告（Plenary Talk）。每个会议都会邀请机器人领域的前沿专家报告其最新成果，这种成果很可能是还未公开的，可以让听众大开眼界。会议的层次越高，这些专家的整体水平通常也越高。

第三，寻找感兴趣的人。通过会议摘要就可以知道哪些小型报告（Session）是自己感兴趣的。例如，和自己的研究领域相近，自己一直想与该研究小组的人认识，等等，都可以在合适的时候去听其报告、找其畅谈，从而打造"友谊的小船"。

最后，参观机器人展览。不仅大佬云集，而且新秀也露面了，机器人厂商当然也愿意借机去展示自己、寻求合作。

 人类是机器人的超越目标

研究机器人是为了战胜人类吗？

当然不是。不管是研究机器人还是其他研究领域，其目的都是让人类生活得更好些。将机器人与人对比并不是为了让两者来一场你死我活的斗争，而是把人类的技能作为参考，从而更好地让现代科技服

务于人类。

有了机器人，人们就想着给人和机器人创造"比"的机会，例如，下象棋、踢足球等。是骡子是马，拿出来遛遛。外行看热闹，内行看到的是科技的进步与不足。

其实，在第一台工业机器人诞生之前，人类就已经开始思考人类智能与机器智能之间的较量了。这就是著名的"图灵测试"：测试一个计算机系统是否具有智能。"图灵测试"的计算机系统，也可以等同于机器人系统。

有了深度学习（Deep Learning），机器人通过图灵测试似乎不再那么遥不可及了。你看，机器人都已经战胜李世石了。

AlphaGo 战胜李世石——靠的是什么

小故事

　　人工智能诞生于 1956 年。诞生之后的最初几年，学者们、非专业人士都对人工智能充满了盲目的期待和自信。1958 年，著名科学家 Newell 和 Simon 提出了人工智能领域的 4 个预言，预言计算机在 10 年内将会：成为世界象棋冠军，发现或证明有意义的数学定理，谱写优美的乐曲，实现大多数的心理学理论。现在想想，这些预言太乐观了。我们再仔细想想，为什么顶级专家的预言也远远没有按期实现呢？因为智能这个东西，说起来容易，实现起来太难了。

1997年

2016年

AlphaGo 战胜了李世石，带走了 100 万美元的大奖，却给人们留下一大堆疑问。那么，我们现在就来弄清楚 AlphaGo 的前世今生。

（1）AlphaGo 是机器人吗？

AlphaGo 是人工智能程序。因为 AlphaGo 不是人，但却是真正和李世石较量的，所以就被称为机器人。坐在李世石对面的那位戴眼镜男子的中文名叫黄士杰，他是开发 AlphaGo 程序的核心成员之一。AlphaGo 计算出围棋的策略，黄士杰执行具体的下棋动作。

（2）到底是什么团队开发了 AlphaGo？

研发 AlphaGo 的部门叫 GoogleDeepMind，位于英国伦敦，该部门专门研究基于神经网络的人工智能系统。

DeepMind 曾是一家地地道道的英国公司，2010 年在伦敦创立，创始人叫德米什·哈萨比斯。2014 年 1 月，Google 以 4 亿英镑收购了这家仅有 50 多人的创业公司，因此，DeepMind 也就变成了

GoogleDeepMind。

（3）AlphaGo 的软件核心是什么？

AlphaGo 的核心是深度学习。在 AlphaGo 里，深度学习体现在两个方面，一是 PolicyNetwork，二是 ValueNetwork。我们暂且不考虑这两个字符串的汉语意思是什么。PolicyNetwork 的目标就是要找到下一步的几种可能走法，它最初是通过学习棋谱得到，然后在不断的自我学习过程中来提升其准确性。ValueNetwork 用于分析当前形势，从而判断当前形势是有利的还是不利的。简单地说，PolicyNetwork 给出了下一步几种可能的走法，ValueNetwork 对这些走法打分，最大值为 100 分，AlphaGo 将选择得分最高的那种走法。下好围棋的关键是对当前形势做出好的判断。

AlphaGo 如何进行策略搜索呢？使用蒙特卡洛树搜索算法，这是一种启发式的搜索策略。

（4）AlphaGo 的硬件配置如何？

1 202 个 CPU，176 个 GPU，40 个搜索线程。

（5）AlphaGo 是如何学习的？

AlphaGo 有两种学习方法，一是根据高手的棋谱进行学习，二是自我学习。

（6）如何测试 AlphaGo 的下棋能力？

AlphaGo 的开发团队也有一少部分人会下围棋，所以，先是团队成员和 AlphaGo 下棋。2015 年 10 月，开发团队邀请了欧洲冠军、围棋二段樊麾来和 AlphaGo 较量，后者以 5：0 获胜。然后就是 2016 年 3 月举世瞩目的"人机大战"。樊麾后来成了 AlphaGo 的教练。教练不一定要比运动员强嘛，教练的优势是经验丰富，能够指出并纠正运动员的不足。

（7）AlphaGo 的开发团队阵容如何？

AlphaGo 的开发团队由近 20 名顶级专家组成，他们来自于机器学

习和计算机领域。

（8）AlphaGo 的开发团队里有围棋高手吗？

有懂围棋的人，但这跟开发 AlphaGo 没有关系。开发人员只需要懂围棋规则，其余的围棋经验都是多余的，而且围棋规则可以在 30 秒之内学会。AlphaGo 的开发团队里有中国人。

（9）如果没有棋谱，AlphaGo 仍然有那么聪明吗？

棋谱相当于有老师教，自我学习相当于自学。棋谱即使不全面，也可以减少探索时间。所以，棋谱让 AlphaGo 尽快熟悉如何下棋。如果没有棋谱，AlphaGo 需要花更多的时间才能达到现在的水平，至于究竟需要多花多长时间，只有等 Google 推出下一个"完全随机、不使用人类棋谱的 AlphaGo"时才有答案。

（10）AlphaGo 是一项伟大的发明吗？

严格来讲，AlphaGo 并不是一项发明，而是前沿技术的体现，例如，深度学习。

（11）AlphaGo 里的技术是通用的吗？

AlphaGo 不是一个通用的技术平台。AlphaGo 的关键技术非常复杂，不是任意一个工程师都可以轻易将其移植到其他领域。但是，由于 AlphaGo 实现并整合了高难度的技术，其开发团队使用这些技术很可能较容易地解决其他领域的部分问题。例如，可以将 AlphaGo 的学习策略应用于康复医疗：通过强化学习得到需要对某个病人使用什么样的治疗顺序。

（12）AlphaGo 还可以在哪些方面取得进步？

AlphaGo 虽然赢了，但这既是一个终点，也是一个新的起点，AlphaGo 还有进步的空间。

有两种途径可以让 AlphaGo 再取得进步：一是增加硬件，二是提升学习能力，后者才是重点。为什么呢？因为如果硬件增加了，保障硬件之间协同工作的成本也会增加。

（13）为什么说：人机大战，人类是赢家？

其一，如果 AlphaGo 赢了，这是人工智能的胜利，是人类科技的胜利，说明人类在模拟人脑思维方面又取得了大的进步。其二，如果李世石或其他高手赢了，说明人类的逻辑思维能力、推理能力是非常强大的，现在的科技已经很先进了，仍然不能够和人类比拟，那么这就进一步激励科研人员探索其中的奥秘，从而推动科技的发展。

（14）AlphaGo 战胜了李世石，谁的心理最难受？

不是观众。观众对此更多的是好奇心，不会因此而失眠。

也不是 AlphaGo 的开发人员，他们正在发自内心地开心着。

到底是谁？是围棋职业高手！这些高手们通过极其艰辛的努力终于登上了围棋的"珠穆朗玛峰"，正准备"一览众山小"时，忽然发现"山外没有山，但山外有机器人"！这个残酷的现实会导致他们产生巨大的心理落差。顶尖高手要想再取得大的进步，其难度比某项技术要"百尺竿头、更进一步"更大。也就是说，将来围棋职业高手可能永远都无法战胜还会继续成长的 AlphaGo 了。

（15）AlphaGo 与人相比有什么优势？

这也就是机器人与人相比的优势。

一局的时间长了人会累，从而容易出错；人不能够精确地进行计算，而 AlphaGo 可以；人一年只可以下大约一千场棋，而 AlphaGo 一天就能够训练几百万的棋局，具有超越人的训练量和搜索能力。

还有，李世石在下棋时可能会头疼、口渴、上厕所，还可能担心输了怎么办，想着赢了如何使用这 100 万美元，这些感觉、想法都不利于他的发挥。这些负面情绪，AlphaGo 开发团队从来就不需要考虑。

（16）AlphaGo 能够战胜 10 个李世石吗？

人机大战之后有媒体提到过这个问题。这个问题就像 10 个来自非洲的乒乓球高手轮流对战我国的乒乓球冠军，在体力都充足的前提下谁能赢。

仔细想想，10 个李世石（意思是指 10 个顶尖高手）在一起其水平会增加 10 倍吗？这是 10 个人的经验、智慧叠交在一起，并不是 10 个人一起搬砖。在走某一步棋时，到底谁的观点正确，这是一个争论不休、几乎没有答案的话题。

（17）可以将 DeepBlue 和 AlphaGo 进行对比吗？

从 DeepBlue 到 AlphaGo，是人工智能的一个巨大进步。

DeepBlue 于 1997 年战胜了国际象棋大师加里·卡斯帕罗夫。DeepBlue 把象棋大师的智慧以"规则"的形式直接描述出来，它依赖穷举和蛮力。围棋的复杂性使得它成为一个"依赖直觉的游戏"，因此，AlphaGo 靠学习。

（18）从 DeepBlue 到 AlphaGo，有什么问题是媒体尽量少提的呢？

情感，智慧，人生观！

在这些方面，可以说机器人还没有起步！

（19）AlphaGo 知道自己在做什么吗？

不知道！

如果 AlphaGo 有意识，那么在比赛结束后，肯定就有记者提问：请问您对这次比赛有什么想说的呢？您在比赛之前会想到自己能取胜吗？第四场您是故意输给李世石的吗？拿到 100 万美元奖金后，您会用它来做什么呢？您现在最想对李世石说什么呢？以后，您会接受其他围棋高手的挑战吗？

（20）这场人机大战颠覆了哪些观点？

传统的观点：人工智能要战胜人脑，首先需要人类对围棋的策略研究透彻，然后再将人类的智慧抽象成可以用程序来描述的规则和方法。现在，有了深度学习，特别是有了这场万众瞩目的人机大战，之前的那种观点被颠覆了。

（21）这场世纪之战，能说机器人战胜了人类吗？

AlphaGo 战胜了李世石，但又不能说机器人或者人工智能战胜了人类，那么到底谁战胜了谁呢？是一些科学家借助程序和硬件在围棋领域战胜了李世石。

（22）机器人、人工智能、机器学习、深度学习是什么关系呢？

人工智能的理论可以应用于机器人，机器学习是人工智能的一个分支，深度学习又是机器学习的一个分支。21 世纪初期，深度学习给人

类带来了震撼。深度学习，就是层数很多的神经网络。

（23）人和 AlphaGo 下棋后，人的水平会提升吗？

会，练多了自然也就进步了。熟读唐诗三百首，不会作诗也会吟。

（24）普通人和 AlphaGo 一起训练一两年后，可以成为世界级高手吗？

可能。但是，目前还没有报道过这样的案例。

（25）在比赛之前，AlphaGo 的团队认为 AlphaGo 能够赢吗？

是的，但是对比分有不同的预测。

（26）深度学习就是大脑的学习机制吗？

错。不能画等号，只可以说离目标更近了一步。

人类具有很强的举一反三的能力，这种能力是深度学习目前还不具备的。

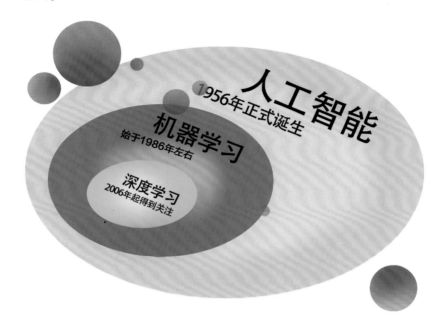

（27）经历了国际象棋、围棋，人工智能程序战胜人类的下一个项目是什么？

暂时没有这方面的公开报道。估计是麻将。

虽然麻将需要运气成分，但是，随着对局数的增大，运气成分所占的比例就会越来越小。选手的长期成绩基本上就是其真实水平。在大众看来，围棋是智慧的较量，而麻将纯属娱乐，甚至因为钱而伤感情。所以，围棋程序的社会影响力可能远远大于麻将。

麻将的复杂性低于围棋。如果有类似于 GoogleDeepMind 这样的开发团队，有强大的资金支持，那么，人工智能程序大败麻将高手的新闻就离我们不远了。

延 伸 阅 读

图 灵 测 试

　　什么样的系统具有"智能"呢？英国著名数学家、逻辑学家图灵最早对这一问题进行了研究。1950年，图灵在一篇题为"计算机和智力"的论文中提出了著名的"图灵测试"，以测试一个计算机系统是否具有智能。设想有一台计算机、一个人类志愿者和一个测试者。计算机和志愿者分别在两个不同的房间里，测试者既看不到计算机，也看不到志愿者。测试者要通过提问来判断哪个房间里是计算机，哪个房间里是志愿者。为防止通过非智力因素获取信息，测试者通过键盘提出问题，而计算机和志愿者则均通过屏幕回答问题。测试者不允许从任何一方得到除回答以外的任何信息。志愿者真实地回答问题，并试图说服测试者自己这一方是人另一方是计算机。同样地，计算机也努力说服测试者自己才是人而对方是计算机。如果测试者在多次测试中都不能准确地判断出哪个房间里放的是计算机、哪个房间里有人，那么，该计算机就通过了图灵测试并且具有了图灵测试意义下的智能。

　　仔细想想，这种测试对计算机公平吗？好的，究竟公平不公平，我们先分析分析。在这个测试中，计算机为了不被测试者判断出自己是计算机，既要很好地模拟人类的优点，还要很好地模拟人类的不足。也就是说，计算机既不能表现得比人类愚蠢，也不能表现得比人类聪明，为什么呢？因为任何与人类不相匹配的举动，都会被测试者发觉。从这一点来看，如果计算机能够以人类的智能为参考，对自己的智能得心应手地应用，是不是就说明其智能已经高于人类了呢？因为，通常只有技高一筹者才能自如地和对方较量。

机器人足球队大战世界杯冠军队——畅想 2050 年的巅峰对决

小故事

　　2050 年 8 月 8 日，广州大学城体育中心足球场，一场巅峰对决即将上演。在本月 5 日的世界杯决赛上，巴西队在 30 分钟的加时赛中踢进制胜一球，以 2：1 艰难战胜东道主中国队而获得冠军。今晚 20：00，巴西队将在这里迎战一支特殊的对手——机器人足球队，比赛规则和人类世界杯完全一样。这是一支与人类外形相似的机器人队伍，名叫 RoboWorld，球星是 15 号 SuperRobo，研发团队是华南机器人研究中心，赞助商是几家大公司。巴西队的球星兼队长叫 D 罗。共 2 个裁判，人类裁判员名叫利贝，机器人裁判员名叫多尔那罗。门票价分为 18 888 元、38 888 元、58 888 元等 3 个档次。比赛开始前，国际足联主席格林先生、世界足球机器人竞赛工作委员会主席劳斯先生共同演唱了一首英文歌曲《Dare to win》，广州市机器人合唱团负责伴舞和伴奏。

机器人世界杯（Robot World Cup，RoboCup）。RoboCup源自于1992年的论文"On Seeing Robots"。加拿大不列颠哥伦比亚大学的教授艾伦·麦克沃思在该论文里首次提出了训练机器人进行足球比赛的设想。自1997年在日本举办第一届RoboCup以来，到今天已经发展成为一项国际性赛事，每年举办一次。承办城市提前两年向RoboCup国际联合会申办，由国际联合会理事投票表决并确定承办城市。这项机器人锦标赛的任务就是：2050年，打败人类世界杯的获胜队伍，从而使技术应用的发展超越体育运动的范畴。从第一届世界杯开始，在世界杯结束后都会举行机器人与人类足球的表演赛，在这个比赛上机器人的表现也是越来越出色。2008年、2015年的RoboCup分别在我国的苏州、合肥举行。

提出这个目标的初衷是希望利用高科技制作出来的足球机器人不但在体力上大大超过运动员，而且在智力上也大大超过人类足球队。与AlphaGo的世纪之战不同，AlphaGo是"君子动脑不动手"，而足球赛则是手脚并用、东奔西跑、磕磕碰碰、脑袋转得飞快。

机器人足球涉及的关键技术主要有：视觉技术、触觉技术、移动机构、多智能体协调与合作技术、无线通信技术、学习与进化技术、策略与仿真技术、人机接口技术等。开发足球机器人的技术和其他领域的技术有相通之处，如环境感知、机器人学习等。

除了RoboCup外，还有一些知名的机器人比赛，如FIRA竞赛和广东省机器人大赛。1997年6月，国际机器人足球联盟（Federation of International Robot-soccer Association，FIRA）宣告成立。此后FIRA在全球范围内每年举行一次机器人世界杯比赛（FIRA Cup），同时举办学术会议（FIRA Congress），供参赛者交流他们在机器人足球研究方面的经验和技术。广东省机器人大赛暨机器人技术研讨会由广东省计算机学会主办，广东省计算机学会智能软件与机器人分会等组织或单位承办，参赛对象是在校大学生。从2011年起每年举办一届，每次约300

2050年足球巅峰对决

名师生参加比赛。主要面向广东省，也吸引了海南等兄弟省份的学校参赛。每次比赛前都举行研讨会，交流机器人领域的最新技术。

在刚开始有机器人的时候，人们热血沸腾，很想知道机器人到底有多大的能耐。现在看来，足球机器人还很笨拙，但这并不等于2050年仍然如此。试想想，十年前，无人驾驶汽车听起来是天方夜谭，但是现在呢？丰田等大公司已经对此有信心了。

一些瓶颈突破了，发展的速度就会有质的变化。

2050年的这场足球赛，有很多需要解决的问题：

● 允许机器人的动力、体重无限增加吗？机器人必须是人形吗？动力足，奔跑就有优势。体重有优势，就可以在与人类发生碰撞时不吃亏。现阶段来说，轮式机器人移动更快、更精确。

● 每个机器人的装备应该不同吗？后卫、前锋、守门员之间的装备有差别吗？机器人主要是钢铁结构，与人发生身体碰撞时，需要确保人类不会触电，确保机器人不会轻易解体。

● 可以将全世界最先进的技术集成到机器人身上吗？例如，最先进的传感器、最强大的软件技术。人的头部虽然可以转动，但是，其眼睛只能够看前面，而机器人的摄像头视角可以是360°，这公平吗？

● 场地还是草坪吗？是否需要经过特殊处理？比赛的过程中如果下雨呢？

● 机器人在哪里处理信息呢？自己身上，还是在云端集中处理。

● 机器人允许有替补吗？

● 机器人的皮肤是什么？皮肤或肌肉可以保证在与人类碰撞时保护双方，尤其是保护人类。

2050年的这场巅峰对决，规则、相关法律等是问题。钱，似乎不是问题。当机器人真的和人类具有可比性的时候，估计很多投资者愿意为这场赛事提供支持。

从 AlphaGo 的不足来看机器人的学习

AlphaGo 的核心是深度学习，也使用了强化学习。那么，AlphaGo 的学习能力就完美了吗？答案很明显：没有。举个例子，如果把围棋的盘面变大或变小，而其他规则不变，人类能够迅速适应吗？当然可以。但是，AlphaGo 可能就很难适应了，它的学习方式可能就需要大幅度修改。也就是说，AlphaGo 的自主适应能力是不强大的。自主适应能力对应的就是迁移学习。什么是迁移学习呢？这种学习在日常生活中很常见，例如：我们学会打羽毛球之后，再学习打网球就比较容易了；我们已经比较擅长骑自行车了，如果哪天需要腾出一只手提东西，我们也能够只用另一只手来控制自行车。这些能力对人类来说似乎是天生的，但是对于 AlphaGo 等机器人来说却是一道难以逾越的鸿沟。跨过了这个鸿沟，它们的学习能力才算是有了本质的飞跃。

从本质上说，AlphaGo 就是执行一个函数 $y=f(x)$。在这里，x 指棋局的盘面，y 指下一步的走法。当 x 确定时，y 也就确定了。棋局的盘面信息当然是确定的、具体的。机器人处理的问题可没有那么简单！再想想看，机器人的摄像头感知到的环境信息是确定的吗？机器人的"耳朵"听到的声音是确定的吗？不是的，它们都是模糊而复杂的。所以，机器人必须要具备处理模糊问题的能力。因此，从某种程度上说，AlphaGo 离人类期望的智能还相差很远，它目前更像是一个自动化的程序，只不过这个程序很复杂、很有技术含量。

　　机器人的学习能力要想与人类媲美，至少需要集成深度学习、强化学习、迁移学习等能力，需要处理模糊的知识。强化学习是什么呢？简单地说，就是不断地尝试、不断地根据结果来修正知识，走迷宫就是一个典型的例子。

小 知 识

深 度 学 习

　　2006 年，加拿大多伦多大学的杰弗里·希尔顿教授提出了深度信念网络的概念，其主要过程是预训练和微调。他给多层神经网络的学习方法赋予了一个新的名词：深度学习。随后，深度学习在语音识别、图像识别等领域展现出其优越性。《MIT 技术评论》评选出 2013 年十大突破性技术，深度学习居首位。正是因为杰弗里·希尔顿教授的几十年如一日的坚持，深度学习才得以从边缘课题变成影响世界的核心技术，机器人的发展也会因此而受益。

四 机器人的
"能"与"不能"

　　科幻电影《I, Robot》描述了 2035 年的情节。USR 公司开发出某种超能机器人，机器人的研制者阿尔弗莱德·朗宁博士却在新产品上市前夕离奇自杀。黑人警察戴尔·史普纳负责调查此案，他得到了机器人心理学家苏珊·卡尔文博士的帮助。史普纳发现机器人桑尼拥有类似人类的情感和思考能力，因此认为她就是凶手。在经过艰难的调查之后，史普纳发现幕后操纵者是公司的中央控制系统"薇琪"。薇琪认为，为了人类的可持续发展，必须将一部分人类消灭，于是发动了机器人和人类之间的战争。史普纳、卡尔文、桑尼和这些机器人展开了激烈战斗，他们最终将纳米机器人注入薇琪的智能系统，使用抹除剂清除了其原有指令，从而阻止了这场战争，保护了人类。

　　看了这场惊心动魄的电影，再看看摆在家里的机器人，人类情不自禁地问：机器人到底能干什么，不能干什么？

❶ 机器人的特长

大块头——心有多大，机器人就有多大

小故事

　　2012 年 12 月 31 日，亚马孙位于美国亚利桑那州凤凰城的分拣服务部会议室。这里正在召开年终总结会，会议的焦点之一是今年收购的 Kiva 机器人项目。项目经理 RoRb 先生首先发言，"我们这个配货仓库的占地面积超过 11 万平方米，今年斥资 7.75 亿美元收购了 Kiva systems 公司的机器人项目。现在，Kiva 机器人使得总体工作效率提升了 4 倍左右"。Green 先生在这里工作多年了，以前主要负责配货和分拣，现在负责操作机器人。作为工作转型的员工代表，Green 先生深有感触地说，"是啊！引入机器人之前，我和同事们每天要工作 12 小时，步行至少 11 千米，在行走方面浪费了大量时间。现在好啦，Kiva 可以搬起超过 1 360 千克的货物并且行走轻松，除了偶尔停下来充电，Kiva 可以每天工作 24 小时，比我强多啦"。接着，财务经理、部门经理等人纷纷发言。大家一致认为，引入 Kiva 是一个非常正确的决定，并且建议将经验分享给其他物流和分拣中心。

　　生命的形成很难通过外部力量来干预，所以特定物种的外形往往是在某个有限的范围内变化。

　　机器人则不同。

　　人类可以根据自己的爱好给机器人安装许多硬件，如传感器、关节等。可以说，想要它多大，它就有多大，而且还可以配备充足的计算资源，例如，机器人的信息处理过程可以是由 100 台高端电脑组成的服务器来完成。坐过火车的朋友们都知道，火车的车厢是可以拆卸的，只要火车头的马力足、铁轨质量好，车厢增加几节无所谓。机器人也是如此，只不过需要想办法来协调不同的硬件，使它们能够相互配合。

　　和大自然的生物相比，机器人还具有"灵活嫁接"的优势。牛的头部不可以移植到虎的身上，但如果是制作机器人，则可以让它拥有牛的脑袋、马的面部，也可以拥有虎的头部、蛇的尾巴。传说中的牛头马面、虎头蛇尾等设想都可以在机器人身上实现。

一个人打不过一头老虎，十个人也打不过十头老虎，但是，一万个人却可以把一万头老虎关在不同的笼子里。为什么？因为人类懂得合作，善于借助外界的力量。蚂蚁、蜜蜂等在协作方面表现得非常完美。机器人也需要相互合作。在合作的重要性方面，机器人、人类及其他动物是相似的。

延 伸 阅 读

国内的机器人实验室

　　（1）机器人学国家重点实验室。依托于中国科学院沈阳自动化研究所，前身是中国科学院机器人学开放实验室，是我国机器人学领域最早建立的部门重点实验室。

（2）机器人技术与系统国家重点实验室。依托于哈尔滨工业大学，成立于 2007 年，是我国最早开展机器人技术研究的单位之一，其前身主体是 1986 年成立的哈尔滨工业大学机器人研究所。20 世纪 80 年代，该实验室研制出我国第一台弧焊机器人和第一台点焊机器人。

（3）其他有关机器人研究机构。清华大学的机械工程系、自动化系等教学科研部门也在开展机器人领域的研究。在面向国家航空航天领域等重大需求方面，他们研制出了特种喷涂机器人系统。浙江大学智能系统和控制研究所的机器人实验室一直开展机器人及其智能控制方面的研究，研制出了能够打乒乓球的仿人机器人。上海交通大学机器人研究所成立于 1985 年，在机器人学、特种机器人、工业机器人等领域优势显著。广州市机器人软件及复杂信息处理重点实验室依托于华南理工大学，成立于 2015 年。该实验室研发了全自主移动机器人、教育机器人、中央空调风管空气质量分析机器人、安防机器人等近 10 种机器人产品或样机，获得了几十项专利或软件著作权，并曾经在机器人足球世界杯（RoboCup）取得好成绩。

任劳任怨——不知疲倦的劳动者

2016 年的国庆节，某知名企业的部分员工集体带薪旅游。同

时，他们的机器人同事们却夜以继日地奋斗在生产线上。这些"最可爱的人""新世纪劳动模范"加班加点、无怨无悔，不向老板索取3倍薪酬，不与同事争福利待遇，不对领导构成威胁，也不欺压下属。这些小伙伴们的口号是：只要不停电，我们就不停工；即使突然停电，我们也随时准备复工。

人每天需要睡眠，有些动物还需要冬眠，而机器人却几乎不要休息。女同胞爱减肥和美容，男女都会生病，这些都会直接或间接地影响到工作，但是机器人却不必考虑这些。人的工作技能提升之后，会要求涨工资，增加福利，否则就罢工，但是机器人却从不额外花雇主一分钱。

机器终究是机器。机器人的特点之一就是可以不停地工作，尤其是工业机器人。机器人工作时不需要吃饭、不需要睡觉、不需要喝水，只要有电就可以了。现阶段，机器人的能源主要是电，有电就可以工作。所以，机器人的优势之一就是任劳任怨、可以不知疲倦地工作，可以进行复杂的、耗时长的计算。

延伸阅读

国内的机器人企业

沈阳新松机器人自动化股份有限公司隶属中国科学院，是一家以机器人技术为核心的高科技上市企业，是国内最大的机器人产业化基地。

上海未来伙伴机器人有限公司（原上海广茂达伙伴机器人有限公司）成立于 1996 年，其机器人产品涉及中小学教育、大学教学与研究、公共安全和家用等方面。

深圳大疆创新科技有限公司成立于 2006 年，是全球知名的无人机飞行平台和影像系统的自主研发与制造商。2015年，大疆无人机进入农业领域，可以定速、定高地飞行和定流量喷洒，每小时作业量可达 2.67~4 公顷，是人工作业效率的 40 倍左右。

广州映博智能科技有限公司成立于 2013 年，是一家以机器人技术为核心、致力于服务型智能机器人的高科技企业。映博智能的 PadBot 派宝机器人系列产品已成功出口到多个国家和地区，成了众多国际知名经销商的重点采购目标。

四 机器人的"能"与"不能"

2 机器人的短板

在电影《阿童木》里，天马博士是世界闻名的天才科学家。天马博士很爱自己的儿子，决定把他培养成自己的接班人。然而，天有不测风云，他的儿子因为一次意外而永远地离开了他。痛失爱子后，天马博士较长时间都处于情绪低落的状态。缓解不了对儿子的深深思念，于是决定根据他的外形制造出一个机器人，其外表与人类很相似，并将其命名为阿童木。天马博士还将儿子的情感与记忆注入阿童木的大脑内。所以，阿童木一直以为自己就是一个普通的正常人，以为天马博士就是自己的父亲。但是，天马博士仍然沉浸在思念儿子的悲痛里，在他看来，阿童木只是很智能的机器人，满足不了其在情感方面的需求。经过一段时间的内心挣扎，天马博士决定将阿童木扔掉，彻底忘却这段记忆。

尺有所短，寸有所长。万众瞩目的机器人在发现自己很难融入人类生活时也会"酒后吐真言"：别看我一直在发展，家族日益庞大，我家里人也从不缺钙，但是缺"心"啦，仔细看看家族里的成员，个个都有勇无谋、有形无神啊。

电影《I, Robot》里还有一个镜头，就是机器人心理医生。这个境界就很高了！首先，机器人需要有情感，并且这种情感能够在工作中发生变化。其次，情感要能够影响机器人的工作效率和态度。最后，机器人要有是否愿意接受治疗的选择权和主动权。心理影响生理。机器人的

105

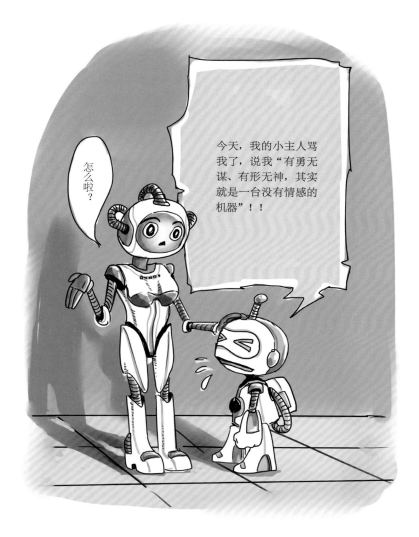

情绪低落时，可以通过程序来让其硬件设备的工作效率下降。但是，如何让硬件的外观、使用寿命发生变化呢？难道让机器人自己去撞墙吗？这些都是待解决的问题。解决这些问题有诸多前提条件，例如，人类对自身的心理机制、衰老机制已经非常清楚。实际情况是，人类现在对非药物、非破坏前提下的戒除烟瘾、网瘾都似乎束手无策。

想想也是，机器人在某些方面的能力确实还很初级，只不过相关的报道较少。例如，机器人现在还无法做到品尝食物，而小孩子就已经具备了这种能力。

提到机器人的"短板"，我们不禁想起2017年的一则新闻：一名从事人工智能研究的男子竟然与机器人结婚了。我们暂且不探讨该新闻的真实性。那么，"机器人老婆"有什么特点、能做什么呢？首先，它可以是任意形状，具有人类能够用程序赋予的功能。换句话说，你可以把一台军用机器人或水下机器人当老婆，甚至可以把一台挖掘机器人当老婆，它们与网上报道的那些"机器人老婆"的主要区别就是和"配偶"的相处方式不同。我们想想看，应该很少人愿意抱着一台挖掘机器人逛街吧，即使想抱也抱不动啊。其次，这个"老婆"的所有功能都是由程序决定的，例如，聊天、扫地、做饭等。也就是说，只要不给它安装"发脾气"的程序，它就永远不会发脾气。"机器人老婆"不具有人类的生命特性和情感，从本质上说，它仅仅是一台被赋予了"老婆"二字的机器。即使有商家鼓吹某款"机器人老婆"具有喜、怒、哀、乐，那也仅仅是由程序赋予的简单的、生硬的对环境产生的反应。

仿真软件必不可少——容易受伤的机器人

小故事

美国的波士顿动力公司研发出了多款轰动世界的机器人产品，例如，BigDog、Rhex和Atlas。该公司与美国军方合作密切。2013年底，Google公司收购了波士顿动力公司。2016年2月，波士顿动力公司发布了其最新成果Atlas。具有戏剧性的是，Atlas

正是 Google 公司决定抛售波士顿动力公司的原因：不知道该怎么用这个看起来很酷的机器人来赚钱，它在未来几年都不可能为公司带来利益。随后，丰田汽车公司下属的丰田研究所收购了这家公司。丰田研究所成立于 2015 年底，家用机器人是其研究领域之一。丰田和 Google 有几个不同点。其一，丰田每年有千亿美元级别的汽车销售收入，因此 10 亿美元的研发投入并不算多；Google 每年只有百亿美元级别的广告收入。其二，丰田是用新成立的丰田研究所来收购波士顿动力公司，并且将其与原来的体系区别对待。所以，波士顿动力公司的商业化压力比以前明显减轻。丰田无人车计划在 2020 年上市，如果波士顿动力公司能够在这之前弄出几条像 Atlas 那样的重磅新闻，那么，在丰田看来，这次收购也就值了。

机器人的硬件容易磨损，用了一段时间之后其精度就下降了。特别地，这些铁质的物体如果需要修改外形就更麻烦，因为没有人能够像捏泥巴一样可以随时将铁制品捏成任意形状并且不损坏其功能。所以，实际工作中如果发现机器人的结构需要变化，往往就得重新制作，这就会浪费大量的人力、物力和财力。因此，提前深思熟虑非常重要。但是，百密必有一疏，缜密思考也不能解决根本问题。

怎么办呢？使用仿真软件。

对于使用者较多的机器人，开发商会为其配备相应的仿真软件，例如，NAO、iCub 和 iRobot 都有相应的仿真软件。在仿真环境可以正确运行的程序，在真实场景下基本上可以直接使用。工业机器人出现最早，所以其仿真软件相对更成熟一些。国外从 1982 年开始研发工业机器人仿真软件，到 1987 年就形成了一些实用的软件包。

相对于实体机器人，仿真软件更易于被大众使用。

对机器人有兴趣、初学编程的人可以在仿真软件里尽情地使用各种策略,设计新的机器人,可以根据其想象来开展实验,机器人系统及其环境的复杂性、真实性等程度可以逐渐增加,甚至可以超越现实。他们可以从不同的角度来研究机器人的系统结构和功能,并预先解决可能出

现的问题，从而对实际产品的研发更有信心。因此，仿真软件在机器人的教学与培训中就扮演了重要角色。而且，在 RoboCup 等顶级赛事里，仿真比赛就是其中的一个项目。

那么，仿真软件需要具备哪些基本功能呢？典型的有 3 种：

第一，实时观察信息。什么叫实时呢？就是随时的意思。无论何时，想看就看，而且是想看哪里就看哪里。这就是说，我们可以变换视角，无论想关注哪个视角都可以做到。例如，如果想观察机器人在走路时的脚底状况，可以轻松地用鼠标实现。

第二，实验自动重做。为什么需要自动重做呢？假设某个实验需要重做 500 次才能得到结果。如果每做完一次之后就手工点击"重做"按钮，那么，谁可以在每次实验进行完之后就马上点击这个按钮？现在想来，自动重做是非常重要而且十分必要的吧。

第三，变换速度。例如，暂停、加速、减速，就像我们看电影一样。在某些重要的场景，我们希望机器人的活动暂停，进而使用鼠标来全方位地观察当前情况。某些时候，我们希望机器人能够加快速度，早点完成任务。某些时候，我们希望仔细地观察机器人执行任务的过程，从而发现一些不易察觉的细节。

既然仿真软件那么重要，我们可以自己开发吗？

当然可以。开发简单的仿真软件并不难。那么，有哪些需要注意的方面呢？一是渲染引擎，二是动力学引擎。这里的引擎和汽车等动力工具的"引擎"意思相同、功能相似。

渲染引擎有什么功能？简单地说，就是给物体赋予相应的色彩。如果没有渲染，那么我们看到的都是单一的颜色。试想想，如果游戏里的所有场景、物体等内容都只具有同一种颜色，还能够吸引用户吗？实际情况是，我们不仅希望它们被赋予不同的颜色，而且还需要有高清晰度。

动力学引擎有什么功能呢？简单地说，就是物体在运动、碰撞时像真的一样。例如，当杯子掉在地上时就碎了一地。我们在游戏里看到的某些爆炸场景为什么那么逼真，就是因为使用了优秀的动力学引擎。试想想，如果没有那种漫天飞舞的感觉，我们还会喜欢看吗？

使用仿真软件，用户可以打破固有的思维方式，让想象力自由驰骋。在仿真软件里，机器人设计与控制的唯一局限就是：人！

所以，学习、研究机器人，别忘了使用仿真软件。

小 知 识

机器人的世界竞争格局

目前，总的形势是：工业机器人领域，日本领先，其次是欧盟。服务机器人领域，日本和韩国领先。医疗机器人领域，美国和欧盟领先。太空、军用机器人领域，美国领先。在我们国家，各个领域的机器人都在迅猛发展。

一个好汉三个帮——机器人不能孤立地发展

小故事

这几年，互联网、云计算、大数据等技术发展迅猛，机器人研究人员也在探索如何借助它们的东风。2011年，慕尼黑工业大学等高校和科研机构的35位科学家启动了一项为期4年的研究计划：RoboEarth。RoboEarth由欧盟资助，目标是让机器人共享信息并存储它们的知识，其成果主要用于老年人、病人的护理工作。2014年，康奈尔大学的艾舒托什·萨克塞纳教授联合斯坦福大学、布朗大学等几所名校的专家联合打造机器人的知识引擎RoboBrain，其预期效果是面向机器人的Google。RoboBrain的一个重要目标是知识迁移，例如，将处理玻璃杯的技术用于处理灯泡。RoboBrain被称作升级版、智能版的RoboEarth。

机器人是一个集成设备，它的核心技术涉及机械、电子、人工智能、材料学等领域。当程序强大时，机器人的计算效率就会相对高些。当材料轻便时，机器人就便于携带。

如何用一个比喻来描述机器人和这些小伙伴们的关系呢？以高考为例，机器人就是总分，机械、计算机、人工智能等就是语文、数学、英语等科目。总分受到每门科目的影响，任意科目的成绩如果太差都会影响录取。

因此，机器人仅仅是这些研究领域的代言人，是这些高科技的窗口。与生活中的"明星代言"不同，机器人不会夸大其词，更不会做假。机器人的水平到底如何，谁用谁知道。

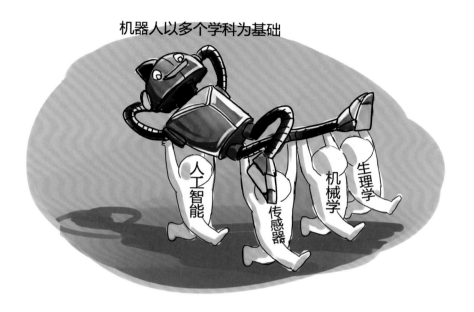

机器人以多个学科为基础

俗话说，巧妇难为无米之炊。如果某些物质条件不具备，仅仅靠空想是不够的。在电影《超能陆战队》里，如果机器人大白全部由刚性的机械材料构成，那么，它可以通过屏住呼吸、缩起腹部来越过床和书桌之间的空隙吗？刚性材料是不可收缩的，那种情况下的大白无论有多聪明，都不可能越过那个空隙。当然，如果全部是刚性材料，也就没有功能强大的大白了。所以，机器人需要这些小伙伴们均衡地发展。

机器人研发也需要关注能源问题。机器人工作时能量消耗越快，需要为其存储的能量也就越大。因此，需要一种新型的蓄电设备来确保其长时间工作，特别是在太空、水下、废墟等人类很难到达的地方。理想的供电装置应该由机器人的运动来产生，也就是说，机器人工作时既在消耗能量，同时也在制造能量。

这是一个快速发展的时代，每个人的能量相对于集体来说都是有限

的。机器人也是如此，其发展理念应该是"借力"，而不是"尽力"。当人们可以把自身的经历、情感投射到机器人身上时，人们就会更愿意使用机器人、亲近机器人。这，也是研究人员需要考虑的。

盛名之下其实难副——大块头缺少大智慧

> 2011 年 3 月，大地震引发的海啸重创日本福岛核电站。日本政府曾考虑派机器人首先进入核电站进行检测、评估损失以及进行必要的修复工作，但是机器人行动迟缓，未能完成任务，最终人类不得不承担大部分危险的工作。自那以后，美国国防部下属的国防高等研究计划署（DARPA）就致力于打造更强大的机器人，并且每年举行全球机器人挑战赛，以此促进研制那些能在核事故、地震、海啸等危险情况下执行救援任务的机器人。

机器人能考上清华、北大吗？ AlphaGo 战胜李世石后，就有人提出这个疑问。

这是一个非常吸引眼球的话题。如果机器人考上了清华、北大，就说明机器人的聪明程度和最聪明的人差不多。

但是，这个话题却隐藏了许多问题。

第一，以什么形式把知识提供给机器人，例如，语文里的文言文。

第二，考试题目都是机器人学习过的吗？如果需要机器人举一反三，那答案恐怕就让人大跌眼镜。

第三，知识、试题都是规则的吗？例如，"中国队大败日本队""中国队大胜日本队"，到底是败了还是胜了啊？将幼儿园、小学、初中和高中的知识全部都用计算机表示，是一项很复杂的任务，需要许多专家共同参与。

开发 AlphaGo 遇到的挑战却不同，因为从没有下过围棋的人也可以在半分钟内学会其全部规则。虽然围棋高手的棋谱是越多越好，但是仍然可以通过自学得到。

所以，"机器人能考上北大、清华吗"是一个很有意义的话题，但是在突破核心技术之前并不适合刻意去寻找答案。

机器人当前的窘境是：只能执行简单的任务。例如，只能够在商场里机械式地问候客人，而且这种问候是事先精心设计好的。机器人在观

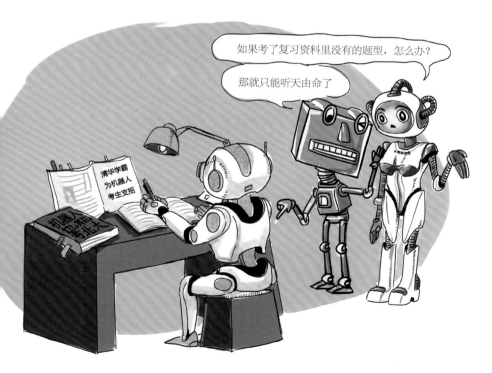

众面前表现出来的智能程度主要取决于设计者的水平。随着硬件价格下跌、软件逐渐强大，这种局面会慢慢改善，但是突破性的进展还依赖于生理学、心理学、人工智能等领域的进步。

实现机器人智能的突破，脑科学是首当其冲的研究课题。虽然神经网络是用于研究人工大脑，但是神经网络只能够辨识、没有情感。人类的大脑既有大量的神经元，还有各种激素和内分泌系统，这些结构或物质在为人类赋予情感、道德等方面具有重要意义。所以，机器人在做事情的时候，其"内分泌系统"也应该产生某种物质或信号，从而知道当前做的是好事、普通的事或坏事，并逐渐培养出"心地善良、有正义感"的个性特点。

人类不仅对自己的研究还远远不够彻底，在研究人类与生态环境的关系方面也还处于初步阶段。例如，为什么有的人怕动物，而有的人连毒蛇也不怕？为什么有的动物能够和人类友好相处，为什么这些动物能够感受到人类对它们的友好信息？这是大自然的智慧。机器人也需要这种大智慧，从而更好地与人及其他生物相处。

正是因为机器人需要向大自然学习智能，所以，机器人、神经学等领域的专家于 2001 年在美国的《科学》杂志上联合发表了论文，指出机器人的根本出路在于向人及其他生物学习，并且这种学习既包括形态又包括智力。

③ 机器人和人谁是主宰

人类对机器人的要求很高。但是，一旦机器人在某些方面表现出超越人的能力时，或者机器人一不小心伤害到人类时，就会有人担心：人和机器人，到底谁是主宰？

虽然这种担心没有必要，即使有必要也是科学家们操心的问题。但是，善良多疑的人们总是希望有个说法。

机器人主动杀人？不，它们是无辜的

1978 年，日本广岛一家工厂的切割机器人在切钢板时突然发生异常，将一名值班工人当作钢板来操作，这是世界上第一宗"机器人杀人"事件。1989 年，苏联国际象棋冠军古德柯夫连胜机器人 3 局。此时，机器人莫名其妙地向金属棋盘释放了高强度电流，而古德柯夫恰巧把手放在棋盘上，一代国际象棋大师就这样在众目睽睽之下死于非命。2015 年，德国大众汽车制造厂的一名工人在安装和调试机器人时，后者突然"出手"击中其胸部，并将其碾压在金属板上，这名工人当场死亡。这一系列事件让人们心惊胆战：机器人会主动杀人吗？

在机器人的世界里，都是 0 和 1 组成的数字串，哪串数字代表桌子，哪串数字代表椅子，哪串数字又代表杯子，全都与人类的预设置有关。这就像我们小时候学习认识动物，如果老师从最开始就教我们把猪当成狗，那么，我们就会长期这么认为。其实，猪、狗只是一个代号而已。

机器人执行什么，全部依赖于程序。程序来自于哪里呢？程序都是人编写的，而人有疏忽的时候。

是的，机器人就是程序的执行设备。也就是说，如果机器人执行了一些意料之外的动作，那是因为程序出了错误，而不是机器人故意的。

如果机器人真的主动杀人了，那么一定是下列问题都解决了：

● 什么是人？

● 什么叫杀人？

● 为什么要杀人？

● 如何杀人？

● 什么样的人应该被杀？

● 当前的人是个什么样的人，将其杀了之后有什么影响？

现实生活中难免有些暴力，绝大多数不法分子在施暴之前都会自然地思考上述问题。通过前面的分析我们知道，在可以预见的未来，上述问题几乎不可能都解决。所以，我们应该对科技充满信心，对机器人充满好感。现代战场上即使出现了"机器人杀手"，它们也只不过是个残酷的、被支配的机器。这些机器人杀手一旦被"俘虏"，会像钢铁一样被放到炼钢炉里，被重新加工后又输入程序，然后又变成一条"好汉"、一个"兵"，而不需要再等 18 年。

所以，"机器人杀人"的原因主要有两个：一是程序出故障，二是机械设备出故障。如果一定要说还有其他原因，那就是少数不法分子的恶意行为。总之，机器人不会主动施暴。

机器人能控制人类吗？

小故事

2016 年夏天，美国一辆特斯拉 Model S 在自动驾驶时发生车祸并且导致驾驶员死亡。此次车祸是 Model S 系列自动驾驶汽车行驶 2.1 亿千米后遇到的第一起致命事故，而全世界平均每 5 656 万千米行程就会发生一起致命车祸。据了解，当时的情况是：Model S 行驶在一条双向、有中央隔离带的公路上，自动驾驶处于开启模式，此时一辆拖挂车以与 Model S 垂直的方向穿越公路。在强烈的阳光照射下，驾驶员和自动驾驶系统都没有注意到拖挂车的白色车身，因此未能及时启动刹车系统。强光或者大面积遮挡物都会影响前视摄像头的图像识别，虽然特斯拉试图用先进的自动驾驶算法来弥补传感器的不足，但是在传感器遭受攻击或者出现其他意外情况时，算法就自然失效了。

在电影《I，Robot》里，有一句经典的台词，大致意思是：很怀念以前的日子，那时候只有人才能杀人，现在机器人也可以杀人了。

在电影《机械姬》里，机械姬想办法让善良的工程师爱上了自己，从而逃脱牢笼，融入人类社会。

这些只是电影里的故事！

现在的机器人仅仅是在智能上逐渐模拟人，而在情感、意识等重要方面的研究仍处于起步阶段，甚至不知道突破口在哪。

AlphaGo 战胜李世石之后，就有一部分人开始担心：机器人会战胜人类吗？人类会被机器人控制吗？其实，这些担心是没有必要的。至少在可以预见的未来，机器人更像机器，不像人，机器人仍是人类的仆人和笨拙而忠诚的小伙伴。

随着科幻小说、科幻电影的流行，人类的担心也不再奇怪。造成这种担心的原因主要有两种：一是人类对机器人还不够了解，被机器人的神秘感和网络言论的力量给误导了；二是由于大量使用机器人后造成了部分工人失业或转型，从而自己也产生了危机感。

在许多人看来，下围棋是很需要智慧的，机器人居然打败了李世石，那么，机器人在其他方面是否也会占优势呢？从 DeepBule 到 AlphaGo 用了不到 20 年的时间，AlphaGo 的核心团队也就 20 人左右，那么，如果 Google 或其他大公司组建一支万人的研发队伍，是否就可以彻底打败人类的智慧呢？问题的关键不是人数，而是算法。

机器人和人相比，到底强在哪里？机器人胜过人类的地方在于：由人类设计，但是人类自己却不能够完成的方法。例如，要将 1 万个数据按从大到小的顺序排列，人类几乎不能手工完成，而机器人却可以在 1 秒内正确地完成。但是，一旦涉及情感，机器人就几乎变成了傻瓜。

埃隆·马斯克曾经表示：人类需要与机器结合，人类需要与人工智能并存。其实，人类一直在这么做，只不过这个现象因为出自一名有世界影响力的工程师、投资家之口而更受关注而已。简单地说，就是将人工智能的成果引入机器人，使机器人为人类所用。例如，士兵穿上特殊的衣服后就可以掀翻一辆卡车，那可能是因为衣服上的传感器检测到了士兵的用力方向，协助其朝该方向用力，从而产生了巨大的力量。这套看似盔甲的智能衣服也可以说是机器人。当然，不管机器人为人类提供多大的帮助，人类永远是这个过程的主宰。

虽然我们没有必要去担心某一天会被机器人控制，但是，"机器人是否可以控制人类"还引申出了一些值得探讨的问题。

第一，机器人能够自我毁灭吗？"自我毁灭"是有自我意识之后的行为，所以，机器人现阶段还谈不上能够"自我毁灭"。即使"被毁灭"，其过程也与电脑非常相似，没有什么值得大惊小怪的。

第二，机器人能够寄托人的情感吗？关于这个问题，不同的人会有不同的看法。机器始终是机器，不具有生命。如果仅仅考虑存在性，仅仅把机器人当成像照片或录像一样的记忆载体，还是有较好的价值。

第三，机器人绝对可靠吗？这是一个很有意义，但是答案却非常明晰的问题。机器人由硬件和软件组成，硬件绝对可靠吗？软件绝对可靠吗？所以，应该说它们是在某个范围内的可靠，或者可靠的可能性大于某个百分比。

第四，高度发达的机器人和核武器有何相似之处？即使机器人高度发达了，由于其"总开关"仍然由人类掌控，所以，不必过分担心机器人本身对人类造成的威胁。如果真的要担心，还不如担心现在就已经存在的核武器等大规模杀伤性武器。

机器人与大数据

　　继分布式、云计算、物联网之后，大数据成了非常热门的一个名词。近几年，只要有数据的地方，似乎就可以使用大数据这个词，而不管我们是否真的专门研究大数据。如果不说大数据，似乎就落伍了。

　　大数据如何和机器人建立联系呢？机器人之所以能够像人一样进行判断和选择，是因为拥有了相关的经验。有了大数据技术的支撑，机器人不用从零开始学习，可以利用已有的资源和前人的经验来分析当前环境，从而更好地为人类服务。例如，当走到一个陌生的场景时，机器人可以拍摄此场景的三维照片并将其发送到大数据服务器进行处理，然后，机器人可以得到关于该场景的描述信息。

　　当一切都具有智能后，大数据时代也许就走向了大智慧时代。我们国家有五千年的文明史，中华智慧名扬中外，敢闯敢拼的精神将使得我们国家成为智能时代、大智慧时代的领跑者。

五　机器人的下一站更精彩

声音模拟

020 超人奥林匹克运动

辅助探险机器人

机器人的发展是由人类的需求来驱动的。

在不久的将来，机器人需要在运动能力、智能水平、专业服务等方面都有突破。这三个方面没有主次、难易之分，但较好地集成了这三大功能的机器人才容易被大众接受。Altas 被推倒后可以马上站起来，这种运动能力正是野外机器人需要具备的，聊天机器人的优势主要体现在智能，而医疗机器人的职责主要是提供专业服务。

未来，家家都有机器人、事事都用机器人。因此，也会有机器人二维码，这种二维码具有追溯功能，可以查阅每个部件的来历。例如，视觉传感器是什么型号，由哪家公司生产，公司的地址和电话是多少。每个机器人都有独立的号码，就像人的身份证号码。人口普查里也增加了一项新的内容：机器人的数量和型号。未来，机器人将登上经济和社会舞台，使社会结构悄然地发生变化。以前是"人—机器—其他生物"的社会结构，将来，这个结构会变成"人—机器人—机器—其他生物"。

人类觉得很麻烦的事情，都是机器人前进的动力。机器人为人类服务的能力是时间的函数：$F(t)$。其中，t 表示时间。

❶ 送礼就送机器人

面面俱到——手机和电脑退居二线

2015 年的五一，微软公司推出了一个识别颜龄的网站 HowOld.net，可以迅速识别照片中人物的年龄。虽然识别得不够准，但一周内就获得了 5 000 万的用户访问量。为了获得这么多用户，程控电话机花了几十年！与其说 HowOld.net 的成功是一个奇迹，不如说人类更喜欢可以投射个人情感的科技产品。

为什么手机、电脑可能退居二线呢？

我们现在已经认识到，电脑的绝大部分功能已经被手机代替。和电脑相比，手机的不足之处主要有 3 个：硬件配置、输入和输出。工程师们现在还不可以完全不用电脑而仅仅使用手机来开展工作。目前，手机的硬件配置仍然比不上电脑，其输入和输出形式也没有电脑方便。

同属于电子产品，手机、电脑当然可以被机器人取代。再换个角度想想，把手机、电脑的外形改造成人形，可以吗？当然可以。再给这个人形的手机或电脑增加运动能力和智能，可以吗？也可以。因此，一

步步地，我们就已经将手机、电脑集成到机器人了。机器人和手机、电脑等电子设备的最大区别是：执行动作。例如，长途汽车上着火了，手机、电脑都不能救火，但机器人却可以，而且还能帮助人类逃生。因此，机器人整合它们，给我们带来的只是习惯上的改变。

当然，这并不是说手机、电脑会突然消失，它们将会有一段时间的共存。集成手机、电脑、电视等电子产品的功能，只是机器人前进道路上的阶段性成果。

好了，这下容易想了，机器人发展的下一个阶段应该是机器人互联网，机器人将陪同我们进入"智能一切、一切都具有智能"的时代。所以，移动互联网颠覆了 PC 互联网，机器人互联网将颠覆移动互联网。机器人需要让广大用户感觉到：有了机器人，生活今非昔比，精彩无处不在。

如果哪天某公司推出了一款新的基于机器人的应用程序，也许，一夜之间其用户数量就会突破 5 000 万，到那个时候，就不是人（公司）找钱，而是钱找人（公司）了。

延伸阅读

高科技与用户体验

诺基亚和摩托罗拉曾经是家喻户晓的手机品牌。自 1996 年起，诺基亚连续 14 年在手机市场销量占领首位。2011 年，Google 收购了摩托罗拉并于 2014 年再将其转卖给联想。2013 年，微软收购了诺基亚。为什么它们会在短短几年之内走下神坛呢？原因很简单，因为其智能终端的创新不足。所谓创新不足，其实就是没有紧跟用户的需求，特别是新形势下的用户需求。

Google 眼镜曾经昙花一现。这种可穿戴设备在保护他人隐私（拍摄）和自身健康（WI-FI 信号源离头部太近）等方面存在大量负面评价，从而导致该产品并未成功。

过去 10 多年，在全球房地产领域，传统互联网、移动互联网将街上的商铺从最昂贵的不动产变成了前景最不确定的资产。"一间店铺养三代人"的时代已经过去，写字楼也正感受到互联网技术带来的巨大冲击。2016 年 5 月 4 日，金碟集团的领导和客户一起"砸掉办公室"并分享"办公室七宗罪"。我们暂且不谈论这个"砸"是否为一种营销策略，但是，这至少可以反映出：高科技正在改变传统的工作地点，未来将是"随时办公、移动办公，办公无围墙"。

量体裁衣——总有一款适合你

小故事

2007 年，比尔·盖茨在《科学美国人》杂志发表了一篇文章《家家都有机器人》，并向世界预言：机器人将成为继个人电脑之后的下一个热门领域。他秘密委托其智囊团成员研发了一款机器人仿真软件 Microsoft Robotics Developer Studio（MRDS），目的是使机器人研究人员、商业开发人员和爱好者都能够更容易地在多种硬件平台上创建机器人应用程序。MRDS 目前只支持在 Windows 操作系统下进行开发，针对非商业应用是免费的。微软公司还与 LEGO、iRobot 等机器人公司合作，使得 MRDS 支持更多的实际机器人平台。

未来的机器人以服务为中心，推行"硬件 + 软件 + 服务"的模式。不同用户对服务的需求不同。对于相同的服务，不同的用户喜欢不同的实现形式。

试想想：假设机器人已经普及到每个家庭了，今天我们到朋友家做客，发现朋友家的扫地机器人和我们家的一个模样，扫地的路线也几乎相同，那我们还有兴趣吗？如果朋友家的聊天机器人发出的声音不仅单调，而且和我们自己家的一样，我们还喜欢一直把它带在身边吗？现在应该明白个性化服务的重要性了吧！

当我们可以为机器人选择功能和外形时，就可以将其私有化、量身定制。当然，还要考虑下面一些问题：

首先，保证机器人的安全性。

用户当然不希望机器人像行李箱一样被人拿走或偷走。还记得电影《超能陆战队》里的情节吗？某个机器人被其主人的对手捡走了，于是机器人"适当地"伤害了一下对方，然后趁机逃走了。看到这里，我们情不自禁地想：多么忠诚的机器人啊！这种忠诚，是一种个性化服务，也是保证安全性的一种途径。

　　其次，保护个人隐私。

　　用户在使用机器人的过程中会产生大量的数据，机器人为了更好地提供服务也会对这些数据进行分析。像打开空调、陪伴读书等信息不怎么算隐私，但是，聊天记录可能就属于个人隐私了。某天机器人坏了，拿去维修时，工作人员就有可能获取到这些数据。这些数据不仅具有一定的商业价值，更重要的是暴露了用户的生活习惯、交友对象等隐私。所以，需要有相关法律来促使机器人厂家为用户提前防范，从而确保维修人员和非授权用户不触碰、不贩卖个人隐私。

　　解决了上述问题之后，可以从哪些角度来私人定制呢？

　　其一，外观 DIY。满足不同用户的个性化需求。

以扫地机器人为例，厂商可以将某个部位专门提供给用户粘贴各种照片。这样的话，用户就可以把自己男神（女神）的照片、家里人的照片或者自己的作品放在此区域，也可以涂鸦，并且时常更新，从而会对扫地机器人产生亲切感，而不仅仅把它当成一个工具。对于聊天机器人，可以将机器人的语音频率设置成自己熟悉的人，并且可以自由地更换人选。在思念远在外地的儿女时，老年朋友就可以与其"交流"。

其二，功能 DIY。选我所需，买我所需。

对于市场上的机器人产品，用户也应该可以根据自己的需要来选择相应的模块。例如，陪伴初中生学英文的机器人，家长可以购买一个或几个功能模块，可以选择室内训练型或室外训练型，可以选择侧重口语或侧重阅读。

不久的将来，我们可以带着为自己定制的机器人去太空旅行，一部分人还可以到其他星球去居住。到那个时候，地球就真正变成了地球村，每个国家就是一个生产小组，地球村的旁边就是月球村。地球村的村长叫猪八戒，月球村的村长叫嫦娥，每天猪八戒都要去找嫦娥。

延伸阅读

机器人的迅猛势头

2005—2008 年，工业机器人的销量平均每年只有 11 500 台。2010—2014 年，平均年销量已经达到了 17 100 台，增长了大约 48%。据估计，到 2018 年，将会有 1 300 万台工业机器人投入使用。

2014 年，专业服务机器人的销量达到了 24 207 台，相比 2013 年增长了 11.5%。据预测，2015—2018 年，将会有

152 400 台新型的专业服务机器人投入使用，约 3 500 万台
个人机器人被出售。

销量/10³ 台

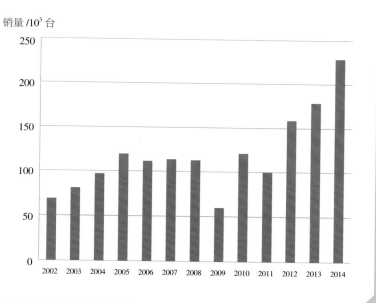

2　尖端科技强强联合

又到了新生入学教育周。像往常一样，计算机系又请来了高
年级的同学们来为大一的师弟师妹们"现身说法"。现在上讲台

的是刚刚拿到世界五百强公司录用书的同学阿杰。阿杰正在读大四，长相一般，看上去稳重而不失活泼。没有太多的自我介绍，阿杰一上台就问："大家知道公司为什么录用我吗？"有同学开玩笑说："因为你长得帅。"阿杰笑了笑，说："因为我获得了好几个机器人奖项，把软件和硬件知识很好地用在了机器人身上，能够解决一些实际问题。"这时，屏幕上显示出了阿杰的奖状，以机器人比赛为主，有广东省机器人大赛、FIRA 机器人大赛和 RoboCup 机器人世界杯。从省赛到世界杯，步步高升。大家从心里佩服这位师兄勇于攀登、不畏强手的精神。于是，讲座气氛顿时变得轻松而热闹起来，新同学没有了刚开始的拘谨。机器人比赛有什么要求？大一的同学应该怎么准备？怎么样处理好比赛与课程学习的关系？和外国人比赛紧张吗？问题一个接着一个，有些问题还挺搞笑，阿杰都一一耐心回答。

一项技术会经历从萌芽、成长、成熟到衰退的过程。但是，机器人技术的周期有多长？机器人何时会衰退？谁也不知道答案。

之所以不知道答案，是因为机器人一直在发展。

机器人融合了多门学科，每门学科的成果都或多或少可以被整合到机器人领域。从这一点看，机器人似乎是一轮永不落山的太阳，并且可能在一夜之间被某项新技术推上新台阶。

在这个信息高速发展的时代，留给企业专注于自身成长的时间越来越短，即使是微创企业也可能受到世界巨头的影响。投资机器人技术、整合机器人资源是一个很正确的选择，但是，到底投资机器人的哪种技术、如何与现有技术整合却考验着投资者的智慧。

以机器人、人工智能 、虚拟现实、3D 打印、基因等技术为基础，人类正进入一个丰富多彩的未来。

3D 打印——轻松制作机器人

2014 年，法国一个名叫 INRIA Flowers 的团队开发了一款开源的 3D 打印机器人 Poppy，它的主要部件均通过 3D 打印生产。Poppy 是一款经济实惠、易于安装的人形机器人，拥有强大而灵活的硬件配置，它的身体柔软，躯干有多个关节，腿可以弯曲，

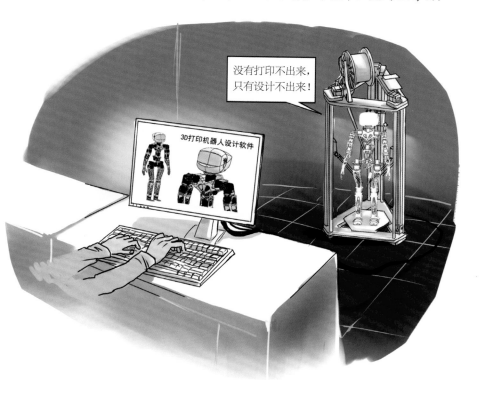

可以稳定地行走。为了让 Poppy 能够普及，其研究小组尽可能地降低其制作成本。机器人爱好者拿到 Poppy 的设计方案和详细程序后，可以给其增加脑袋、胳膊等部件。

传统的机器人设计困难，这是因为在三维设计、制造方面存在不足。3D 打印，可以先使用电脑进行设计。没有打印不出来，只有设计不出来。3D 打印改变了传统的机器人设计思路。

提到"打印"，大部分人首先想到的是在纸张上打印文稿或图片。而 3D 打印则是使用 3D 打印机，将特殊材料一层一层地喷涂或熔结到三维空间中，最后形成所建模的对象。一般的 3D 打印会经历建模、分层、打印和后期处理 4 个过程，其中，模型打印完成后一般都会有毛刺或是粗糙的截面，这时需要对模型进行后期加工，如固化处理、剥离、修整、上色等。3D 打印的精度高，能够逼真地还原模型中的大量细节。即使是非常复杂的模型，也能够快速地制出成品。

既然有了 3D 打印，为什么不打印出一个机器人呢？这个想法目前已经被麻省理工学院的 CSAIL 团队实现了。中国的科学家也不甘落后，2013 年，中国科学院重庆研究院机器人技术研究中心成功研发出了一台 3D 打印并联机器人。这台 3D 打印并联机器人主要由并联机构、3D 打印头、温度控制设备和软件系统 4 个部分组成，3D 打印头装配在机器人手臂的前端，把 3D 建模的数据发送给机器人之后，就能够打印成相应的产品。

我们希望每个机器人都可以通过 3D 打印出来，这种灵活的打印机制才是真正的"按需制造"。这种打印不只是打印普通的外壳，还包括里面的驱动系统。因此，3D 打印的材料既有固体的，又有液体的。

以前，需要来自不同领域的诸多工程师密切合作，而且许多形状都不能够生产出来，即使生产出来了也很难根据实际情况而对其进行调整。有了 3D 打印，机器人设计的局限是：人。

小　知　识

机器人的三维眼睛

Kinect 是微软公司的产品，价格较低，能够识别并跟踪用户的骨骼节点，还可以捕捉三维环境信息，所以被用作机器人的"眼睛"。Kinect 上的 R（Red）G（Green）B（Blue）摄像机和深度（Depth）摄像机能够帮助移动机器人解决定位问题，为路径规划和自主导航提供了基础。Kinect 的阵列式麦克风能够捕捉用户的语音，从而有利于机器人与用户自然流畅的交互。

虚拟现实——足不出户就能执行各种任务

小故事

2020 年 8 月，第一届超人奥林匹克运动会在日本东京举行。在开幕仪式上，主持人山姆·威尔孙从高空徐徐地降到舞台上。与以往不同的是，主持人并没有乘坐特殊的飞行设备，而仅仅是使用了自己的翅膀，就像鸟儿的翅膀一样。山姆·威尔孙到达舞台后，又像鸟儿一样将翅膀收起来。现场和电视机前的许多观众在尖叫，误认为是科幻电影《美国队长 3》的主角来担任主持人。不是，这就是超人运动会，是融入高科技的运动会，这场运动会背后的支撑技术就是机器人技术、虚拟现实、增强现实等。参加超人运动会的都是普通人，不受性别、年龄、体力、体型、有无

残障等限制，大家在同一规则、同一领域中竞技。

看过科幻电影《再造人009》的人都知道，将机器人埋入普通人身体，从而使普通人获得超人般的运动能力和精神能力，这可以算是超人运动的缩影。嗯，既然已经开始，我们就不能停下。试想想，如果在残奥会上将机器人、虚拟现实等先进技术应用到假肢、轮椅，例如，参赛选手有360°全方位的视角，那将是一番什么景象呢？2020年的超人奥林匹克运动会，我们一起拭目以待吧。

那么，什么是虚拟现实机器人呢？

简单地说，可以将虚拟现实机器人理解为：通过机器人传递回来的环境信息，人有一种置于现场的感觉，人在虚拟的环境里执行动作，再将可以执行的动作指令传递给机器人去执行，就像人在进行现场操作。

甚至可以这样比喻：在这种场景里，机器人就是人的能够立即起死回生的复制品。

虚拟现实技术提供了一种全新的人机交互方式，其目标不是简单地将三维物体呈现在用户面前，而是使用户从视、听、触和力等方面产生身临其境的沉浸感。用户可以通过戴特殊的眼镜、头盔等硬件设备来在逼真的虚拟环境里环顾、漫步并且操纵其中的物体，从而切实地感觉到自己就是当前环境的一部分。

如何显示当前的虚拟环境？可以简单地描述如下：以人为例，当头部移动时，只显示出当前视野范围内的场景，这个显示的场景随着头部的移动而变化。实现这个功能需要强大的硬件和软件算法。

随着虚拟现实技术的深入，房屋中介、汽车销售等工作可能会受到影响。因为用户戴虚拟现实眼镜就可以远程指挥房间或汽车里的机器人，让其执行开门、推窗户等动作，从而远程看房、看车。

美国宾夕法尼亚大学的研究人员开发了一款虚拟现实机器人DORA，可以让机器人完全匹配使用者戴着眼镜的头部运动，并使用远程摄像机捕捉周围发生的一切。眼镜佩戴者可以 360° 环顾四周各个方向的动静，即使坐在家中也可以自由地在外面的环境中游览。

在快速发展的科技面前，我们不得不佩服、感叹！魔法、科幻逐渐被科学技术取代。

现阶段，机器人、虚拟现实、3D 打印等领域都是在科学范围内考虑问题。但是，科学的本源是什么？为什么科学能够发展？科学发展的规律是什么？如何认识规律、如何利用规律来更好地为人类服务？在科学发展的同时，哲学也应该跟上其节奏，让人们可以分析问题的本质。

小 知 识

云机器人要解决的问题

云机器人需要解决的问题主要有 3 个。其一，健壮性。如果机器人太依赖云，那么网络故障就会导致机器人彻底成为孤家寡人、成为断了线的风筝。其二，响应时间。如果需要太长的时间才完成数据的传输与计算，那么在救灾、战争等环境下就可能造成不可估量的损失。其三，资源优化。这既是成本方面的考虑，也是资源协调的需求。试想想，哪个项目不需要节约资源呢？

3 哪里有需要，哪里就有机器人

机器人的职责就是为大众服务：哪里有需要，哪里就有机器人。现实生活中，时常有人误吞鱼刺或类似物体。如果可以针对不同物体制造不同的微型、折叠式机器人，患者将其吞下去，机器人在寻找到异物后就将其包起来然后从体内排出，这样就大大减轻了治疗时的痛苦。

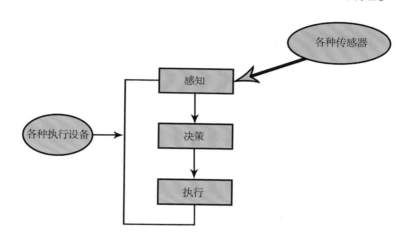

　　机器人的研究与应用是相互促进的，研究是手段，应用是目的。在应用中发现问题，先将其抽象为理论问题并且在实验室环境下解决，再在真实场景中验证。为什么要先在实验室环境下解决问题呢？因为这种环境相对简单，要考虑的因素也少些。

小　知　识

我国机器人领域的十大标志性产品

　　"十三五"期间，我国机器人领域的十大标志性产品是：弧焊机器人、真空（洁净）机器人、全自主编程智能工业机器人、人机协作机器人、双臂机器人、重载 AGV、消防救援机器人、手术机器人、智能型公共服务机器人和智能护理机器人。

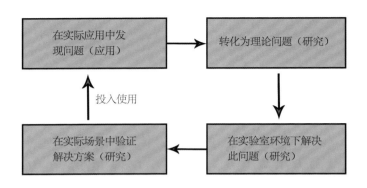

有数据显示：在美国，每年超过 3 万人死于交通事故，司机每天花在交通方面的总时间大约是 60 亿分钟。无人驾驶汽车将不再是一个孤独的空间，而是一个移动的办公场所。虽然软件和传感器取代了传统的方向盘、刹车等配件，但是，在面对雨、雪、雾等天气时，无人驾驶汽车的传感器很可能失灵。在 Google 研究无人驾驶汽车的同时，麻省理工学院等高校和研究机构已经开始研究飞行汽车了。有意思的是，丰田公司在 2014 年说自己出于安全考虑不做无人驾驶汽车，但是在 2015 年却给自动驾驶项目拨了 10 亿美元的预算。人们不禁会问：是不是换领导了？当这些无人驾驶的交通工具遍地走、满天飞的时候，机器人可能就是陆地交警、空中警察了。曾经有人说美国是太平洋上的警察，将来，机器人就是宇宙警察了！

为了解开大自然的神奇奥秘，许多科学家以大无畏的献身精神在与大自然斗智斗勇，那么，能否让机器人也参与进来呢？

　　我们可以在机器人身体里存储多种知识。例如，可以存储各种老虎的声音，雄性的、雌性的。在遇到老虎时，我们可以把机器人拿出来，让其发出奇怪的声音，该声音可以吸引老虎的注意力，而机器人则可以爬树或主动攻击老虎。这有两个方面的好处：一是饲养员或工作人员可以更充分地观察老虎的习性，二是游客可以有更多的时间来躲避危险。当然，要设计出实用的硬件和程序，那就有挑战性了。

　　要想设计此类机器人，至少有如下问题需要解决：

　　其一，针对每种需要防范的动物，需要弄清楚其习性。惧怕什么、

喜欢什么、运动方式是什么等。例如，狼怕光，那么就可以让机器人发出相应的光。

其二，人与机器人的协作方式。危险往往在不经意间到来。人在感到恐惧的时候，如何迅速向机器人发出求助信号呢？机器人如何检测到人的求助信号呢？当人来不及告知动物的种类时，机器人如何自己快速地判断呢？

其三，后续的救援措施。利用机器人吸引动物是个妙计，但不是长久之计。聪明的动物也许很快就将此计拆穿了。所以，留给科学家、工作人员或游客的安全时间并不多，后续的救援措施必须要跟上。例如，机器人在吸引动物的注意力时，同时向相关部门发出求救信号，包括：现在在哪里、地形如何、遇到了什么动物、当前的人是谁等。

那么，这种机器人的外形大概是什么样子的呢？为便于在野外行动，可以采用履带式机器人，底盘重，顶部有可发光、发声、跳舞的装置。

我们相信，有了这类机器人，会有更多的科学家、工作人员愿意探索大自然，也会有更多的游客愿意亲近大自然。

小 知 识

发展工业机器人的两条途径

一是开发核心元件，做好集成等工作，从而保证机器人的稳定性和精度。二是从智能着手，提升机器人的适应能力。智能的提升也会导致机器人对核心元件的要求降低。

能飞能说的联络员——防洪救灾的机器人

几千年前，我们国家就有大禹治水的传说，也有其"三过家门而不入"的记载。我们既要肯定、赞扬大禹的智慧与精神，也要正视治理水患的重要性和必要性。对于水患，一方面要治理，另一方面要有应急措施。

我们国家一直就有"舍小家、顾大家"的优良传统和团结友爱精神，所以受灾的地方常常是农村或小镇。农村的地形复杂，房子、树木的分布缺乏规律，发生洪涝灾害时，水面的障碍物多，人力搜寻的效果有限。和地震等自然灾害不同，水灾后只要能够找到待救援的群众，后面的具体救援步骤就相对好办些。所以，可以设计一种能够在空中飞行的机器人。当机器人检测到声音或特殊颜色等求救信号时，就可以向指挥中心发出相应的信息。

具体来说，此类机器人需要具备哪些功能呢？

第一，发出吸引人类的声音，并且能够分辨出人类呼救的声音。人在等待救援的时候，并不会一直发出求救的声音，所以机器人要主动吸引人的注意，传递希望。对于人类发出的声音，可以采用互动的形式来确认，并且将被困人员发出的辅助信息传送到指挥中心，及时反馈指挥中心的处理结果。例如，"有人吗？如果有，请大声说'啊……'"。像"啊"这种声音，与水流的声音差别较大，易于分辨，机器人也可以迅速将确认信息发送到指挥中心。

第二，自主定位与导航。机器人不仅要知道自己在哪，而且还要知道如何回到指挥中心，在电池电量不够时主动返回并且发出相应的信号。

第三，能够发光。在漆黑的夜里，机器人需要让群众知道"救星来了"，因此发光、发声是表明身份的方式之一，也可以安抚受困群众那受到惊吓的心。

当今社会是全球一体化的时代，关起门来埋头苦干是没有意义的，在努力奋斗的同时还要积极拥抱新的变化、整合所需要的资源。共创、共享是手段，共赢是目的。

可以看出，对于人类的三大典型梦想，医疗机器人促进了"长生不

老",载人飞机可以让人类穿梭于蓝天白云,无人机可以让人类在狭小、偏僻、恶劣的环境里自由地观测,虚拟现实机器人、3D 打印机器人、各种仿生机器人等可以让人类拥有无数的超级伙伴与替身。

因此,有了机器人,人类的其他梦想正在逐渐实现。

延 伸 阅 读

iCub 机器人

机器人的外形需要给人产生良好的第一印象。作为当前最受关注的机器人之一,iCub 机器人不仅被赋予简单的自我意识,还拥有灵敏的触觉去感知外界环境。当人伸出手触摸它的时候,iCub 胸前的显示屏能够显示出触摸的位置和力度,正是由于使用了先进的"皮肤",才能够达到如此神奇的触觉感知效果。iCub 由欧洲的几位知名专家联合设计,其目的是帮助科学家们了解人类认知能力的发展过程,例如,将自己与别人区分开来、感知身体不同部分的位置。